**Lexikon** | *obras de referência*

MARCIA AGOSTINHO
DIRCEU AMORELLI
SIMONE RAMALHO

# introdução à engenharia

| | |
|---|---|
| COMITÊ EDITORIAL | *Regiane Burger, Luiz Gil Solon Guimarães, Marcia Agostinho* |
| LÍDER DO PROJETO | *Marcia Agostinho* |
| AUTORES DOS ORIGINAIS | *Marcia Agostinho, Dirceu Amorelli, Simone Ramalho* |

PROJETO EDITORIAL
*Lexikon Editora*

DIRETOR EDITORIAL
*Carlos Augusto Lacerda*

COORDENAÇÃO EDITORIAL
*Sonia Hey*

ASSISTENTE EDITORIAL
*Luciana Aché*

PROJETO GRÁFICO
*Paulo Vitor Fernandes Bastos*

REVISÃO
*Isabel Newlands*

DIAGRAMAÇÃO
*Nathanael Souza*

CAPA
*Sense Design*

IMAGEM DA CAPA
© *Cover photo cortesia de Lisa Wilding | FreeImages.com*

© 2015, by Lexikon Editora Digital

Todos os direitos reservados. Nenhuma parte desta obra pode ser apropriada e estocada em sistema de banco de dados ou processo similar, em qualquer forma ou meio, seja eletrônico, de fotocópia, gravação etc., sem a permissão do detentor do copirraite.

CIP-BRASIL. CATALOGAÇÃO NA PUBLICAÇÃO
SINDICATO NACIONAL DOS EDITORES DE LIVROS, RJ

A221i

    Agostinho, Marcia
        Introdução à engenharia / Marcia Agostinho, Dirceu Amorelli, Simone Ramalho. – 1. ed. – Rio de Janeiro : Lexikon, 2015.
        136 p. : il. ; 28 cm.

        Inclui bibliografia
        ISBN 9788583000204

        1. Engenharia – História. I. Amorelli, Dirceu. II. Ramalho, Simone. III. Título.

        CDD: 620.009
        CDU: 62

Lexikon Editora Digital
Rua da Assembleia, 92/3º andar – Centro
20011-000 Rio de Janeiro – RJ – Brasil
Tel.: (21) 2526-6800 – Fax: (21) 2526-6824
www.lexikon.com.br – sac@lexikon.com.br

# Sumário

| | |
|---|---|
| Prefácio | 5 |

## 1. A engenharia na história — 7

| | |
|---|---|
| 1.1 Engenhosidade humana | 8 |
| 1.2 Ciência e solução de problemas | 13 |
| 1.3 Engenharia e industrialização | 16 |
| 1.4 Engenharia no Brasil | 18 |
| 1.5 Questões para reflexão | 29 |
| Referências bibliográficas | 29 |

## 2. A engenharia: razão posta em prática — 31

| | |
|---|---|
| 2.1 Múltiplas atividades, múltiplas disciplinas | 32 |
| 2.2 O processo de formação profissional | 38 |
| 2.3 Competência a serviço da sociedade | 47 |
| 2.4 Questões para reflexão | 49 |
| Referências bibliográficas | 49 |

## 3. O engenheiro — 51

| | |
|---|---|
| 3.1 A função do engenheiro | 52 |
| 3.2 Acertando as contas | 55 |
| 3.3 Sistemas de unidades e conversões | 59 |
| 3.4 O engenheiro, o técnico e o tecnólogo | 74 |
| 3.5 Questões para reflexão | 77 |
| Referências bibliográficas | 78 |

## 4. Competências fundamentais　　　　　　　　　　　　　79

    4.1 Competências comunicacionais ............................................................ 80
    4.2 Modelagem e solução de problemas ..................................................... 86
    4.3 Qualidade e melhoria de processos ...................................................... 95
    4.4 Gerenciamento de projetos .................................................................. 109
    4.5 Questões para reflexão ........................................................................ 119
    Referências bibliográficas .......................................................................... 119

## 5. Pioneiros da engenharia no Brasil　　　　　　　　　121

    5.1 Christiano Ottoni .................................................................................. 122
    5.2 André Rebouças ................................................................................... 123
    5.3 Paulo de Frontin ................................................................................... 125
    5.4 Questões para reflexão ........................................................................ 127
    Referências bibliográficas .......................................................................... 127

## Palavras finais　　　　　　　　　　　　　　　　　129

# Prefácio

## Por que engenharia?

"Porque sou bom em matemática". "Porque meu pai é engenheiro". "Porque minha mãe sempre sonhou em ter um filho engenheiro". "Porque sou mulher, sou boa em matemática e quero desafiar o preconceito de que engenharia é coisa de homem". "Porque ouvi dizer que o Brasil precisa de engenheiros". "Porque dizem que engenheiros ganham bem". "Porque não me interesso nem por medicina, nem por direito".

Respostas como essas surgem sempre que, no primeiro dia de aula, pergunto aos alunos a razão para eles terem escolhido a engenharia. E elas não são muito diferentes das motivações de meus colegas de turma, quando éramos calouros há trinta anos.

Em cada uma dessas motivações está refletida a forma como encaramos o *trabalho*. Para alguns de nós, trabalho se refere a *emprego*. Neste caso, nos motivamos pela compensação financeira que a escolha profissional possa nos trazer. Outros, porém, enxergam o trabalho de uma perspectiva mais ampla, considerando-o como uma *carreira*. Essas pessoas buscam na profissão escolhida a oportunidade de ascender socialmente. Mais do que retorno econômico, elas esperam conquistar reconhecimento e prestígio. O restante de nós, contudo, parece ser mais bem sucedido em encontrar a realização – tanto profissional quanto pessoal. Este último grupo encara o trabalho como uma *vocação*. A profissão é como uma missão, algo capaz de, juntamente com outras coisas importantes da vida, dar sentido à nossa existência.

No momento da decisão, poucos de nós sabemos o que a engenharia significa, muito menos o tipo de formação que esta escolha implica. Este livro tem a pretensão de introduzi-lo ao universo da carreira que escolheu. Para isso, optamos por apresentar, inicialmente, a evolução da engenharia como expressão da engenhosidade humana e, em seguida, o processo de educação de indivíduos preparados para a ação racional. Neste sentido, são abordadas as principais competências que julgamos fazer do engenheiro um profissional tão valorizado no Brasil atualmente. Ao final, selecionamos três pioneiros cujas histórias pudessem ilustrar a formação de engenheiros que transformam seu trabalho em legado.

Já se tornou lugar-comum falar da crescente complexidade do mundo atual. Ainda assim, é fato que o *ensino para o trabalho* não é mais suficiente – nem para a prosperidade econômica da nação, nem para o bem-estar do indivíduo. Hoje, e cada vez mais, precisamos de uma *educação para a civilidade* – aquela que, mais do que trabalhadores disciplinados, forma cidadãos competentes. Isto é, indivíduos com conhecimentos, habilidades e atitudes, capazes de assumir responsabilidades e predispostos a solucionar problemas.

Este livro foi escrito, antes de tudo, com a esperança de que a compreensão do que é a engenharia – e de seu significado maior – ajude a transformá-la em uma vocação.

Marcia Agostinho,
Rio de Janeiro, 12/12/2014

# 1 A engenharia na história

MARCIA AGOSTINHO
DIRCEU AMORELLI
SIMONE RAMALHO

# 1 A engenharia na história

## 1.1 Engenhosidade humana

A engenharia pode ser definida como a arte de fazer engenhos ou, ainda, a arte de resolver problemas. Como tal, a engenharia faz parte da identidade humana. É esta habilidade de transformar a natureza a nosso favor, através do uso de ferramentas e técnicas, que nos caracteriza como espécie única. Neste sentido, é a **_engenhosidade_** que nos diferencia dos demais primatas.

### Da engenhosidade à engenharia

A **_etimologia_** nos dá importantes pistas sobre como a engenharia tem sido encarada ao longo da história. Tendo sua origem na palavra latina *ingenium* – que significa *caráter inato, talento, inteligência* – que também deu origem à palavra "engenhosidade", a engenharia traz em si a ideia de uma propensão natural para a criação, uma habilidade inata para a inovação. O engenheiro seria uma pessoa engenhosa, inventiva, com grande capacidade tanto prática quanto intelectual.

Passando pelo francês antigo *engigneor*, chegou ao português como *engenheiro*. No século XVI, a palavra "engenheiro" era usada para designar aquele que construía engenhos militares. Na Inglaterra da Revolução Industrial (século XIX), o termo *engineer* era comumente empregado para fazer referência àqueles homens habilidosos que fabricavam os motores (*engine*, em inglês) movidos a vapor. Atualmente, na língua inglesa, a figura do engenheiro está mais associada ao trabalho prático do que nas línguas latinas. Enquanto em português, espanhol e francês, a palavra "engenheiro" (e também *ingeniero* e *ingénieur*, respectivamente) significa "o profissional que exerce a engenharia",

---

> **? CURIOSIDADE**
>
> **Engenhosidade**
> Há mais de 300.000 anos, os homens de Neandertal já faziam ferramentas sofisticadas em pedra lascada. Uma inovação tecnológica fez com que fossem capazes de procurar caça, mesmo que esta estivesse longe da região, com melhores pedras: a "Técnica de Levallois". Eles pré-lascavam as pedras separando o núcleo, de forma que só este era transportado durante os longos deslocamentos. Somente ao chegarem ao local da caçada, o núcleo era finalizado para ser usado. Com esta etapa de pré-produção – que gerava um produto intermediário com muito menos peso do que uma pedra bruta – os homens de Neandertal podiam carregar suas ferramentas consigo, terminando o processamento somente por ocasião do uso.
> (http://www.sciencedaily.com/releases/2012/01/120124092742.htm – Acesso em: 19/dez/2014)

 **CONCEITO**

**Etimologia**
A etimologia é o estudo da origem das palavras.

em inglês, *engineer* é não só aquele que exerce tal profissão como também a pessoa que conserta máquinas em geral.

### CURIOSIDADE

Exposição no Museu de Ciências de Londres afirma que "em meados do século XIX, construir máquinas a vapor havia se tornado uma indústria em si mesma. Estava surgindo uma força de trabalho altamente habilidosa: em 1845, mais de 17.000 homens trabalhavam em engenharia (*engineering*, entenda-se "fabricação de motores a vapor") somente na região de Manchester". Encomendas chegavam das partes mais distantes do mundo, inclusive do Rio de Janeiro.

### NOTA

[1] The National Academy of Engineering – citado por Petroski, H. *The Essential Engineer: Why Science Alone Will Not Solve Our Global Problems*, 2010, p. 29.

Talvez, uma das razões pelas quais a profissão de engenheiro nos países de língua inglesa não compartilhe da mesma reputação que nos países latinos esteja na associação direta com a ideia de *motores* (*engine*). Nas línguas latinas, em que as palavras "engenharia" e "engenhosidade" possuem o mesmo radical, as pessoas reconhecem a engenhosidade desenvolvida através da educação científica como uma característica central da profissão. Uma pesquisa de opinião realizada pela Academia Nacional de Engenharia dos Estados Unidos[1], acerca do prestígio das profissões, mostrou que a engenharia vem bem abaixo de medicina, enfermagem, ciência e magistério. No Brasil, por outro lado, a engenharia é uma das profissões com mais alta reputação na sociedade, ao lado da medicina e do direito.

Contudo, não é somente a cultura expressa em nossas línguas maternas que pode explicar as diferenças de percepção sobre a engenharia nos vários países. Outro componente importante é a história da profissão, incluindo seu sistema de ensino.

Houve uma grande revolução na engenharia a partir do século XVI, quando, movidos pelo espírito da Renascença, muitos dos problemas práticos começaram a ser abordados de maneira mais racional, inclusive com recursos matemáticos, a exemplo do que fizeram da Vinci e Galileu.

> **? CURIOSIDADE**
>
> Primeiros cursos universitários
> Na Inglaterra, as primeiras sociedades de engenheiros criadas foram a Sociedade Profissional de Engenheiros Civis (1818) e a Sociedade dos Engenheiros Mecânicos (1847).
> A primeira escola de engenharia das Américas foi no Brasil – 1792 (Real Academia de Artilharia, Fortificação e Desenho, Rio de Janeiro). Nos EUA, somente em 1802 é que foi fundada a Academia Militar de West Point.

Mais tarde, conforme a industrialização avançava e a escala de produção se ampliava, os artesãos foram dando espaço aos novos profissionais, dentre eles os engenheiros. Neste processo, o sistema de aprendizado, antes centrado na prática do ofício, foi se deslocando para a educação universitária, cada vez com maior conteúdo científico. Embora o mesmo fenômeno tenha ocorrido em quase toda a Europa, o caminho seguido não foi exatamente o mesmo nas duas maiores potências da época.

A França, mais racionalista, incorporou o ensino da engenharia às suas universidades, tendo sido o primeiro país a fundar uma escola de engenharia no mundo. Lá, desde 1747, os futuros engenheiros aprendem matemática nos primeiros anos de estudo. Na Inglaterra, por outro lado, mais empirista e onde a revolução científica iniciada na Itália demorou mais a chegar, a engenharia emergiu como uma profissão autônoma, organizada em "sociedades profissionais". Por esta razão, naquele país, a ciência foi incorporada à prática de forma mais lenta. Embora os britânicos, havia muito tempo, já construíssem todo tipo de edificação, já tivessem uma verdadeira indústria naval e já exportassem motores a vapor para todo o mundo, até o final do século XIX o ensino da profissão era fundamentalmente prático e oferecido por organizações profissionais, como a *Royal Engineers Institute* ou *Merchant Venturers Technical College*, espalhadas em várias cidades do país. Os **_primeiros cursos universitários_** de engenharia na Inglaterra só foram criados no final do século XIX e voltavam-se, em grande parte, para a formação de engenheiros para a indústria e a iniciativa privada. Por outro lado, o ensino da engenharia na França – que serviu de referência para muitos países, inclusive o Brasil – esteve voltado historicamente para a formação de profissionais para desempenharem carreiras ligadas ao Estado.

> **? CURIOSIDADE**
>
> Durante os séculos XVIII e XIX, tanto os nobres britânicos quanto a elite brasileira costumavam mandar seus filhos para estudar nas universidades francesas.

Ainda que diferentes culturas atribuam variados graus de prestígio social ao profissional da engenharia, de uma forma ou de outra, a engenhosidade – seja ela inata ou desenvolvida por meio de longos anos de estudos formais – é a principal característica que identifica a figura do engenheiro. É a engenhosidade que lhe permite retrabalhar o mundo material e, assim, contribuir para a segurança, a saúde, o conforto e o bem-estar das pessoas.

## A história contada através de engenhos

As centenas de milhares de anos de história humana refletem um processo intenso, porém nem sempre uniforme, de aumento de complexidade nos modos de vida das populações. Se acompanharmos o surgimento de alguns dos principais artefatos, poderemos perceber o quanto essa capacidade inerentemente humana que chamamos de *engenhosidade* tem transformado não só o mundo, mas a nós mesmos.

| | |
|---|---|
| **PEDRA LASCADA** | Caçar e cortar animais, com a obtenção de carne (fonte de proteína) e de pele (calor e abrigo). Melhoria das condições de sobrevivência em situações extremas. |
| **ARADO** | Desenvolvimento da agricultura, permitindo a geração de excedentes que podiam ser usados ao longo de todo o ano. Início da formação de comunidades sedentárias e da especialização social. Formação de cidades. |
| **RODA** | Permitiu o transporte em maiores distâncias, com maior capacidade de carga, abrindo espaço para o crescimento do comércio. |
| **AQUEDUTOS** | Levava fertilidade a terrenos áridos, além de prover água para o consumo das cidades, contribuindo para o saneamento. |
| **TEMPLOS E CATEDRAIS** | Símbolo do poder divino, refletem também a estrutura do poder terreno e a estratificação de sociedades que se tornam mais complexas. Mais do que lugar para orações, os templos e catedrais estão associados a um espaço de vida social, jurídica, econômica e política. |

| | |
|---|---|
| **MOINHOS** | Empregando a força do vento ou da água, esses engenhos servem para poupar esforço humano na moagem de grãos. Isso permitiu o aumento da escala de processamento de alimentos. Se, por um lado, a utilização de moinhos nos monastérios medievais aumentou a eficiência do trabalho dos monges, liberando-os para as tarefas intelectuais e reflexivas, por outro, a obrigatoriedade imposta aos servos de moerem o grão colhido exclusivamente nos moinhos de seus senhores fortaleceu o poder da nobreza feudal. |
| **EMBARCAÇÕES E INSTRUMENTOS DE NAVEGAÇÃO** | Aumento das distâncias navegadas, propiciando maior intercâmbio tanto econômico quanto cultural. Deram início a um processo de *globalização*. |
| **MÁQUINA A VAPOR** | Inventada, ainda no século XVII, para retirar água das minas de carvão, a máquina a vapor foi sendo aperfeiçoada ao longo do século seguinte, até que, a partir do século XIX, se tornou o "motor" da Revolução Industrial. O mecanismo de movimentação de êmbolos por meio de mudança de estado físico da água foi transposto para inúmeras máquinas, de locomotivas a fiandeiras e teares, aumentando intensamente a escala de produção. |
| **MOTOR DE COMBUSTÃO INTERNA** | Utilizando-se da reação química de queima para geração de energia mecânica, o motor de combustão interna superou grandemente a eficiência do motor de combustão externa (a vapor). Está diretamente ligado ao crescimento das indústrias automobilística, aeronáutica e de produção de petróleo. Devido ao crescimento impressionante que essas indústrias tiveram no último século, é impossível dissociar este engenho de problemas ambientais como poluição e aquecimento global. Ao mesmo tempo, é inegável seu efeito sobre o desenvolvimento dos transportes e da integração global. |

**COMPUTADOR**

Enquanto os motores estão relacionados à Revolução Industrial, os efeitos do computador – e, mais recentemente, da internet – são referidos como uma "revolução digital". Em um primeiro momento, revolucionou a esfera da informação, com um espetacular aumento da capacidade de processamento de dados. Mais tarde, todos os artefatos, aparatos e aplicativos que surgiram com as novas tecnologias digitais revolucionaram o modo como as pessoas interagem. As transformações acontecem nas comunicações, no comércio, nas finanças, na política e até mesmo nos relacionamentos afetivos. Este engenho simboliza a emergência de um novo modo de vida, em que trabalho e consumo ganham um forte componente imaterial. Ele aponta para uma sociedade que, sem deixar de ser industrial, é marcada pelas atividades de serviços.

Todos os engenhos que inventamos, construímos ou, simplesmente, utilizamos têm efeitos significativos sobre a forma como vivemos e nos relacionamos. Em um mundo reconhecidamente complexo, em que causas e efeitos podem estar separados por vários quilômetros e por longos anos, torna-se muito mais difícil identificar e solucionar problemas. Principalmente quando alguns desses problemas são causados, ou agravados, pelo emprego de soluções criadas para outros problemas. Se, no passado, a tradição e o aprendizado prático foram suficientes para orientar o engenheiro na solução da maioria dos problemas com os quais se deparava, hoje, cada vez mais ele precisa recorrer ao pensamento científico.

## 1.2 Ciência e solução de problemas

Conforme os problemas que surgiam se tornavam mais complexos, mais a prática da engenharia foi recorrendo a conhecimentos científicos. Tradicionalmente, os conhecimentos e habilidades necessários ao manuseio de ferramentas e à invenção e à produção de engenhos eram transmitidos pela cultura oral, por meio de um longo e sistemático processo de aprendizado prático. Entretanto, ao longo dos séculos XVI e XVII, observa-se o desenvolvimento gradual do pensamento científico. Esta nova forma de ver o mundo permitiu novas maneiras de agir sobre ele. Em outras palavras, as descober-

## CONCEITO

### Corporações de ofício

As corporações de ofício têm suas origens ligadas à lei romana. As *corporas* ou *collegia* eram associações voluntárias que reuniam indivíduos de uma mesma profissão. Após seu desaparecimento no período de invasões bárbaras, as corporações de ofício retornaram à Europa na Idade Média, por volta do século XII. No Brasil também existiram corporações de ofício e duraram até 1824, quando foram extintas com a outorga da carta magna pelo imperador. (Martins, 2008)

## NOTA

[2] École Nationale des Ponts et Chaussées, Paris.

## CONCEITO

### Companhia de Jesus

Ordem religiosa fundada em 1534, por santo Inácio de Loyola, na Espanha, mas que se espalhou por vários países. Em Portugal e no Brasil, a Companhia de Jesus foi, durante muito tempo, a principal responsável pelo sistema de ensino. Seus membros são conhecidos como jesuítas.

---

tas científicas abriam novas possibilidades para a engenhosidade humana.

É notável a ruptura existente entre a engenharia medieval, marcada pelo aprendizado artesanal conduzido pelas **corporações de ofício**, e a engenharia renascentista, alimentada pelas descobertas de homens como da Vinci, Galileu e Newton. Basta olhar para um moinho e um cavaleiro armado e comparar com uma caravela e todos os seus armamentos e instrumentos de navegação.

Ainda assim, foram necessários mais dois séculos para que a engenharia evoluísse de "arte mecânica" a "profissão de base científica". Até 1747 – quando foi criada, na França, a primeira escola do mundo a oferecer o título de "engenheiro"[2] – o ensino e a prática da engenharia eram regulados por uma série de organizações profissionais, quase sempre relacionadas a uma arte mecânica. No Brasil, há registros de ofícios mecânicos (precursores dos atuais engenheiros) desde o início do período colonial, quando oficiais portugueses aqui chegaram, a partir de 1549, para montagem de uma infraestrutura para a colonização. Eles eram padres da **Companhia de Jesus** que desempenhavam ofícios como pedreiros, ferreiros, torneiros, carpinteiros ou mesmo construtores navais e cirurgiões.

O próprio termo "arte mecânica" sugere que a maior parte dos problemas de engenharia nos primeiros tempos era relacionada a fenômenos que, mais tarde, viriam a ser estudados cientificamente pela física, mais especificamente a mecânica newtoniana. Vale notar que o engenheiro do passado – como aquele que construía as catedrais medievais – dominava vários saberes práticos. Além de discutir técnicas de edificação, muitos deles também eram os responsáveis pela criação de diversos equipamentos mecânicos usados no canteiro de obras. Mais ainda, o engenheiro renascentista incorporava a seu trabalho técnico a preocupação artística, não sendo raro que esses mesmos engenheiros também pintassem e esculpissem. Embora não fosse ainda, propriamente, uma profissão de base científica, a engenharia já era, sem dúvida, uma atividade interdisciplinar.

O conhecimento prático dos engenheiros foi de grande importância para a ciência que se delineava nos séculos XVI e XVII. As oficinas eram um espaço onde o saber técnico, cultivado ao longo de séculos de tradição oral, começava a ser registrado em papel, podendo ser mais eficientemente transmitido. Ao mesmo tempo, ainda que fossem "homens sem letras" (já que não estudavam nem filosofia nem teologia – as disciplinas dos estudos acadêmicos da época), os engenheiros do Renascimento também se dedicavam à aprendizagem teórica. Isso foi possível devido a um engenho em particular que permitiu a publicação de tratados técnicos de importantes autores da Antiguidade. Graças à imprensa de tipos móveis de Gutemberg, textos sobre máquinas de Arquimedes ou sobre estudos matemáticos de Euclides puderam ser traduzidos em vários idiomas europeus.

A partir daí, foram publicados vários "cadernos de anotações" que reuniam o conhecimento prático da época aos comentários dos textos antigos. Essa dinâmica contribuiu para semear um terreno – que já era fértil para o desenvolvimento da ciência – de onde partiria a **_Revolução Científica_** do século XVII. A prática da engenharia foi fundamental para alimentar a reflexão teórica, dando origem à ciência moderna. O século XVIII, conhecido como o *Século das Luzes*, vê surgir uma nova cultura, uma nova racionalidade baseada no pensamento científico e na busca de evidências experimentais. A publicação da *Enciclopédia*, em 1745 (dois anos antes da primeira escola de engenharia), foi um marco do esforço em aproximar a ciência da solução dos problemas práticos do cotidiano. Intitulada também "Dicionário Racional de Ciências, Artes e Ofícios", a obra reunia tanto intelectuais quanto artesãos entre seus autores. Além de conhecimentos científicos, a *Enciclopédia* apresentava também detalhes de artefatos técnicos e de processos de fabricação. Com a publicação de edições posteriores menores, foi grande o sucesso comercial. Isso favoreceu a difusão dos novos conhecimentos téc-

## CONCEITO

Revolução científica
Nova forma de olhar a natureza que surgiu na Europa, no século XVII. O *saber racional* se impõe à mística medieval segundo a qual a realidade era determinada por desígnios sobrenaturais. Com a Revolução Científica, a ciência se torna uma presença dominante na cultura ocidental.

### CONCEITO

Iluminismo

Movimento filosófico do século XVIII – o "Século das Luzes" – que se fundamentava na supremacia da razão sobre antigos dogmas. Neste sentido, o Iluminismo expande a grande transformação iniciada no século anterior com a Revolução Científica.

### CONCEITO

Revolução Industrial

Conjunto de transformações ocorridas no mundo ocidental que elevaram substancialmente a escala de produção. Foi marcada por inúmeros engenhos e tecnologias que revolucionaram as estruturas produtivas e as relações de trabalho.

nicos, científicos e artísticos, não só entre a elite intelectual, mas também nas classes sociais médias.

A onda de transformação cultural do **Iluminismo** também chegou a Portugal, onde, mesmo em meados do século XVIII, ainda se faziam sentir os horrores da Inquisição. Em 1763, o marquês de Pombal, ministro português, expulsa do país a Companhia de Jesus, que controlava o sistema de ensino em Portugal e no Brasil. Ao retirar a influência dos jesuítas, os quais tentavam negar os desenvolvimentos da Revolução Científica, Pombal pretendia dar início a uma profunda reforma modernizadora. O problema encontrado, porém, foi a falta de professores nas escolas, já que a maioria era de padres jesuítas. A solução foi recorrer a professores estrangeiros.

Em relação à educação superior, a Universidade de Coimbra recebeu um departamento inteiro de física, com livros e equipamentos para aulas experimentais. O Brasil, contudo, sofreu mais com a expulsão dos jesuítas, pois aqui não havia universidades nem a distância permitia a contratação de professores europeus para a educação básica. A elite colonial brasileira, porém, esforçava-se para enviar seus filhos para estudar em Paris ou em Coimbra. Há registros que mostram que "entre 1772 e 1800, 527 pessoas originárias do Brasil, entre as quais 119 fluminenses, passaram pela universidade que o marquês de Pombal reformou" (Enders, 2008, p. 81). Conforme observa Martins (2008), somente com a chegada da família real portuguesa, em 1808, o aparato educacional brasileiro começará a ser reconstituído após o desmantelamento do sistema criado pelos jesuítas.

## 1.3 Engenharia e industrialização

É fato que a engenharia já existia havia muito tempo como atividade. Porém, como profissão regulamentada, ela só surgiria com o advento da **Revolução Industrial**. Mesmo quando não diretamente ligado à atividade fabril, o engenheiro exercia papel de grande relevância na construção e operação da infraestrutura urbana que se fez presente com o desenvolvimento industrial. Durante a Idade Média, e também após a Renascença, grande parte do esforço de engenharia estava voltada para a construção de fortificações, pontes e estradas para a movimentação de tropas e para a fabricação de armamentos. Com o avanço da industrialização, o foco se deslocou do engenheiro militar para o engenheiro civil.

## ? CURIOSIDADE

Da Vinci – um dos grandes nome da Renascença – criou, além do retrato da Monalisa, várias máquinas de guerra. Os precursores da moderna metralhadora e do tanque de guerra são frutos da engenhosidade, nem sempre pacífica, deste homem.

Embora importante parcela da demanda pelos serviços de engenharia continue sendo impulsionada pelas ações militares, o aumento da população urbana e da complexidade da vida moderna vem abrindo novas fronteiras para a engenharia. Dentre essas, as engenharias civil, mecânica, química e industrial (ou de produção) são as primeiras a emergirem nas sociedades industriais. Cada modalidade, por sua vez, reflete as especificidades de uma certa categoria de problemas, cuja solução está em um dado campo do conhecimento.

Dessa forma, os problemas referentes à construção de moradias, de prédios públicos e de sistemas de saneamento e de abastecimento de água exigem do engenheiro civil conhecimentos, por exemplo, sobre ciências dos materiais e física dos solos. O projeto de máquinas para a indústria, ou de automóveis e equipamentos domésticos, exige do engenheiro mecânico forte embasamento em física. Os problemas surgidos com a força motriz baseada na queima de derivados do petróleo impuseram ao engenheiro químico a necessidade de domínio da termodinâmica e da mecânica dos fluidos. Dentro de tal contexto, os problemas relativos ao aumento da escala de produção e às mudanças na organização do trabalho – assim como seus impactos sobre a eficiência industrial – fizeram surgir uma categoria de engenheiros que têm como diferencial a especialização em ciências humanas e sociais: o engenheiro de produção. Tal fenômeno continua ocorrendo atualmente, com o surgimento de novas modalidades e novas especializações dentro da engenharia, conforme novos desafios vão exigindo o domínio de outros conhecimentos científicos.

> **? CURIOSIDADE**
>
> Real Academia
> A academia de 1792 tinha sua sede onde atualmente se encontra o Museu Histórico Nacional, no centro do Rio de Janeiro.

## 1.4 Engenharia no Brasil

Evolução do ensino de engenharia

O ensino de engenharia no Brasil teve início ainda no período colonial, em 1792, com a fundação da **_Real Academia_** de Artilharia, Fortificação e Desenho, que formaria oficiais engenheiros. Esta foi a primeira instituição de ensino de engenharia nas três Américas, já que a Academia Militar de West Point, nos Estados Unidos, foi fundada dez anos mais tarde (1802). Após a chegada da família real portuguesa ao Brasil, a Academia passou por sucessivas transformações, dando origem à Escola Militar (1839) – atual Instituto Militar de Engenharia (IME) – e à Escola Central (1858), formando engenheiros civis, que deu origem à atual Escola Politécnica da UFRJ. Vale notar que os engenheiros formados no Brasil, desde o início do século XIX, recebem ensino teórico em ciências naturais, estando, até hoje, a matemática e a física na base de sua formação.

A segunda instituição de ensino de engenharia no Brasil foi fundada em 1874, como iniciativa do imperador D. Pedro II: a Escola de Minas e Metalurgia de Ouro Preto. Até o início da Primeira Guerra Mundial (1914), foram criadas mais dez escolas de engenharia no país, sem constituírem, porém, um sistema universitário. A primeira universidade brasileira só surgiria em 1920 com a criação da Universidade Nacional do Rio de Janeiro (atual UFRJ), reunindo as escolas Politécnica, de Medicina e de Direito. A partir de então, outras universidades foram criadas em vários estados brasileiros.

O ensino da engenharia no Brasil, pelo menos até o início do século XX, esteve voltado para a formação de profissionais capazes de dirigir os sistemas administrativos e de infraestrutura do país. A partir da década de 1930, com a criação da Universidade de São Paulo, é que começa a surgir uma preocupação com a formação de pesquisadores. Entretanto, foi no período do governo do presidente Juscelino Kubitscheck (1956-1961) – que lançou um ambicioso Plano de Metas, incluindo a construção de uma nova capital em Brasília – que houve o crescimento mais expressivo do número de cursos de engenharia, até então. Em 1962, esses cursos já totalizavam 112. Mais do que administradores e pesquisadores, para crescer, o Brasil precisava de engenheiros de todos os tipos. Nos trinta anos que se seguiram, o país viveu épocas de crescimento – como no "milagre econômico" da década de 1970 – e épocas de crise – como o período de hiperinflação das décadas de 1980 e início de 1990. Não importava a situação em que o Brasil se encontrava, de 1960 a 1990, o número de cursos de engenharia crescia consistentemente, com uma média de 12 novos cursos por ano.

Em 1996, é aprovada a nova Lei de Diretrizes e Bases que extingue o currículo mínimo e dá maior autonomia para as instituições de ensino superior estabelecerem seus próprios currículos. A partir da promulgação da lei, e em um ambiente de economia estável, com uma moeda forte e inflação controlada, o crescimento do número de cursos de engenharia dá uma guinada sem precedentes. Desde então, surgem, em média, mais de setenta novos cursos no país a cada ano. Grande parte desse crescimento se deve às vagas criadas em instituições de ensino privadas, as quais já superam bastante as vagas em universidades públicas.

Esse fenômeno parece indicar a tendência a uma nova mudança no perfil dos engenheiros formados no Brasil. Se, no passado, esses profissionais compunham os quadros executivos do governo e de estatais; se, mais tarde, parte deles foi absorvida por instituições de pesquisa e pela própria academia, enquanto outros encontravam oportunidades de carreira em grandes empresas – muitas delas multinacionais; hoje, uma parcela considerável dos engenheiros egressos é absorvida pela iniciativa privada, atuando em posições técnicas e de média gerência. De certa maneira, o atual crescimento da engenharia no Brasil reflete o sucesso da democracia e a diminuição da desigualdade de oportunidades, com um número expressivo de indivíduos da classe média obtendo o grau de engenheiro – coisa que há menos de um século era privilégio das elites econômicas.

## Marcos históricos

A história da engenharia no Brasil é inseparável da cadeia de transformações ocorridas no país a partir do final do século XIX. Marcada por sucessivas on-

> **? CURIOSIDADE**
>
> Em meados de 1870, a população brasileira era de 9.930.478, dos quais 12,9% eram escravos. De acordo com o censo de 1872, cerca de 40% da população brasileira estavam engajados em atividades agrícolas, 1% no comércio e 0,19% na manufatura, e 7,54% eram compostos de mecânicos, carpinteiros, ferreiros, fabricantes de chapéus, entre outras funções. (Lamounier, 2007)

das de modernização, essa história pode ser contada em períodos de três décadas, cada qual sintetizando os principais eventos e o papel da engenharia como força transformadora.

## 1870 – Nos trilhos do progresso

As décadas finais do século XIX foram as escolhidas para marcar o início de nossa cronologia. Foi nesta época que se formaram as bases estruturais sobre as quais ocorreria o intenso processo de modernização que caracterizou o século XX. A riqueza gerada pelo café e a chegada de imigrantes europeus contribuíram para remodelar a estrutura produtiva brasileira, a qual deixava de ser exclusivamente agrária e escravagista.

A década de 1870 trouxe grande progresso para a economia do país. O café se estabelecia como principal produto de exportação, atraindo grande fluxo de moeda estrangeira. Em um contexto em que a crescente produção exigia formas mais eficientes de escoamento, a rede ferroviária – implantada no país a partir de meados do século – recebe muitos investimentos. Os trilhos de ferro espalham-se, assim, por grandes extensões de terras do sudeste, ligando as fazendas aos portos de Santos e do Rio de Janeiro, por onde o café seguia para mercados de todo o mundo.

O Brasil termina o século XIX com mais de 11.000 quilômetros de ferrovias. Tarefa bastante complexa, a construção de estradas de ferro envolve grandes volumes de recursos financeiros, maquinário específico e enorme quantidade de mão de obra, tudo isso sob o gerenciamento de engenheiros. Desta forma, o progresso daquele final de século refletia-se também na demanda por profissionais de engenharia, apesar da presença de engenheiros estrangeiros que chegavam acompanhando a tecnologia importada. Em 1874, a Escola Central é transformada na Escola Politécnica do Rio de Janeiro, que passa a formar engenheiros para carreiras civis, desvinculando-se, então, de sua origem militar. No mesmo ano, em Minas Gerais, é fundada a Escola de Minas e Metalurgia de Ouro Preto. Até 1900, mais cinco escolas de engenharia são abertas no Brasil, em cidades como São Paulo – com duas –, Recife, Salvador e Porto Alegre.

O sucesso comercial da lavoura cafeeira promoveu o surgimento de uma elite social que via seus horizontes se ampliarem muito além das fronteiras nacionais. Com elevado poder aquisitivo, os "barões do café" tinham por hábito mandar seus filhos para estudar na Europa. Ao regressarem, esses jovens traziam na bagagem o sonho de viver como nas modernas cidades de Lisboa, Londres e Paris. Além de estimular a demanda por produtos de consumo importados, tal fenômeno provocou visíveis impactos sobre a urbanização brasileira. Complementos arquitetônicos em ferro – às vezes edifícios inteiros – eram pré-fabricados em ferro fundido na Inglaterra e transportados até o Brasil onde eram montados. Assim era possível ter, em cidades como Rio de Janeiro, São Paulo e até mesmo Belém, estações ferroviárias, teatros, palacetes, ou mesmo residências, adornados em estilo eclético europeu.

A moderna decoração das cidades do Brasil se tornou possível em razão do desenvolvimento tecnológico ocorrido na indústria inglesa, que permitiu a produção em larga escala de peças em ferro fundido. A grande vantagem era que este tipo de "arquitetura metalúrgica" agradava enormemente às classes ascendentes brasileiras por permitirem a beleza decorativa europeia a custos baixos. Conseguia-se, assim, um toque de "nobreza" através de peças pré-fabricadas que podiam ser transportadas do outro lado do Atlântico e cuja montagem não exigia mão de obra qualificada.

Contudo, nem só de beleza arquitetônica e decoração consistia o ideal de bem viver nas grandes cidades brasileiras. Promover um ambiente salubre era um grande desafio para as autoridades e os engenheiros da virada do século.

## 1900 – A soberania dos engenheiros

O Clube de Engenharia, fundado no Rio de Janeiro em 1880, exerceu grande influência sobre o processo de modernização do Brasil. Com a pretensão de vincular a engenharia ao progresso material da sociedade, teve presença marcante não só na construção de ferrovias – base da infraestrutura de transportes do país até a década de 1950 – como também na urbanização das cidades. Os engenheiros ali reunidos, muitos deles professores da Escola Politécnica, compartilhavam uma crença inabalável no poder da técnica e da ciência para resolver problemas de toda ordem. As ações desses homens (ainda não havia mulheres engenheiras) demonstraram a grande capacidade civilizadora da engenharia, ao contribuírem com a construção de cidades com condições de salubridade mais adequadas, com sistemas de transportes e, inclusive, mais belas.

Em meio às comemorações do Descobrimento do Brasil, o Clube realizou, em 1900, o Congresso de Engenharia e Indústria, em que foram discutidos temas como transporte, urbanização e produção industrial. Contando com presenças ilustres, inclusive o presidente da República, o evento serviu para garantir uma posição de destaque para os profissionais da engenharia, os quais teriam o poder de promover, através da união entre técnica e ciência, o bem-estar das populações. Com este argumento, defendia-se a participação de engenheiros nos grandes projetos de desenvolvimento do país.

Em uma época de escassas oportunidades de trabalho para engenheiros, o papel institucional do Clube de Engenharia foi fundamental para a valorização da profissão e para a articulação política, da qual dependia a obtenção dos melhores postos de trabalho nas grandes obras públicas. Apesar da disputa com médicos e advogados por espaço de influência na sociedade, o esforço dos engenheiros parece ter dado resultado. Nas primeiras décadas de 1900, formados nas várias escolas de engenharia já existentes no Brasil, eles ocupavam os principais postos na administração pública das grandes cidades. Em um momento de crescimento da vida urbana, uma boa parte das questões políticas tem respostas técnicas: saneamento, construção de sistemas viários, projetos urbanísticos. Quem melhor do que os engenheiros para liderar estas tarefas? Não é por acaso que, no período de 1900 a 1930, o Rio de Janeiro – então capital da República – tenha tido três prefeitos engenheiros: Pereira Passos, Paulo de Frontin e Carlos Sampaio.

Apesar das impressionantes melhorias tanto funcionais quanto estéticas, em grande parte inspiradas nas cidades europeias que os engenheiros brasileiros visitavam em viagens de estudo ou lazer, o alojamento social foi negligenciado. As epidemias frequentes obrigavam a execução de obras de saneamento, que resultaram na implantação de redes de água e de esgoto. Porém, muito pouco foi feito para solucionar o problema de moradia das classes populares. Aglomerados em cortiços ou vivendo em casebres improvisados nas encostas dos morros, os mais pobres não pareciam ser uma prioridade nos grandiosos projetos de engenharia das primeiras décadas de 1900. Quando muito, este problema era encarado através dos impactos urbanísticos que causava. Neste caso, a solução empregada costumava ser a extirpação. O Morro do Castelo – onde nasceu o Rio e onde foi sepultado *Estácio de Sá* – foi destruído, em 1922, e transformado em entulho para aterramento, tirando do meio da *Cidade Maravilhosa* a favela que denunciava seus contrastes.

### 1930 – Elite desenvolvimentista

Os anos 30 do século passado marcam o nascimento do Brasil moderno, com a superação do modelo econômico baseado na exportação de produtos primários e a decisão pela industrialização. O novo caminho valeu-se das condições estruturais conseguidas anteriormente, quando o sucesso do café propiciou a formação de uma classe empresarial influente, cujas atividades suportavam o surgimento de uma infraestrutura comercial e bancária de grande utilidade para a indústria. A participação da produção industrial na economia crescia razoavelmente, em um primeiro momento, pela contribuição dos setores alimentícios e têxtil e, mais tarde, pelos avanços em siderurgia e fabricação de cimento.

Essa fase foi marcada por um espírito nacionalista e pela crença na eficácia do planejamento central. No contexto internacional, a experiência planificadora da União Soviética servia de exemplo para o desenvolvimento a partir do Estado. Por outro lado, a Grande Depressão iniciada com a quebra da Bolsa de Valores de Nova Iorque em 1929 abalava a crença na alternativa liberal. No Brasil, o caminho desenvolvimentista era o intervencionismo estatal. Era intenção de Getúlio Vargas – que ocupou a Presidência por quase vinte anos – fortalecer a indústria nacional sem, contudo, abrir mão do setor agroexportador. No esforço de substituir importações, foram criadas empresas estatais voltadas para a indústria de base, tais como a Companhia Siderúrgica Nacional (1941), a Companhia Vale do Rio Doce (1942) e a Petrobras (1953).

## ? CURIOSIDADE

### Estácio de Sá

Estácio de Sá, militar português, incumbido de expulsar os franceses instalados na Baía de Guanabara, foi o fundador da Cidade do Rio de Janeiro. Faleceu em 1567, dois anos após a fundação da cidade, devido a ferimentos de batalha, e seu corpo foi sepultado no Morro do Castelo.

## ? CURIOSIDADE

### Cidade Maravilhosa

O apelido de "cidade maravilhosa" é devido às obras que o prefeito do Rio de Janeiro – o engenheiro Pereira Passos – realizou, construindo a avenida Beira-Mar entre o Centro e Botafogo que, em 1906, revelou a vista da Baía de Guanabara e do Pão de Açúcar.

Em tal contexto, a engenharia começa a se diversificar. Quando foi regulamentada, em 1933, a profissão de engenheiro previa as seguintes modalidades: agrônomo, civil, de minas, eletricista, industrial e mecânico. O desenvolvimento industrial desempenhou papel marcante no processo de especialização da engenharia, já que a condução eficiente das atividades industrias demandava conhecimentos cada vez mais específicos. Se no início eram apenas engenheiros civis, conforme a industrialização avança vão surgindo inúmeras outras modalidades. Da indústria de base até a indústria de bens de consumo – notadamente a automobilística, estimulada no governo de Juscelino Kubitschek –, novas tecnologias exigiam novas competências que um engenheiro com formação generalista não era capaz de garantir. Surgem, então, a engenharia metalúrgica, a química, a elétrica, a mecânica e até mesmo a engenharia de produção que deveria dar conta da eficiência dos processos produtivos. Em 1960, já existiam 99 cursos de engenharia espalhados por vários estados do Brasil, oferecendo diplomas em diversas especialidades e formando a elite técnica que dirigiria os empreendimentos industriais do país.

### 1960 – Crescimento e estagnação

Este período se estende da ditadura militar até a redemocratização e a abertura econômica, passando pelo "milagre econômico" e pela "década perdida". Ao longo desses trinta anos, o desenvolvimento se torna bandeira tanto do governo quanto da sociedade, fomentando a crença de que o Brasil é "o país do futuro". Neste contexto, os engenheiros – os quais se formam em maior número, egressos de centenas de cursos abertos em todo o país – encontram oportunidades de carreira nas grandes empresas que aqui se instalam, muitas vezes ocupando postos de comando, principalmente em estatais.

O caminho escolhido para a prosperidade é a planificação da economia, com forte intervencionismo do Estado, cuja meta é fazer com que o Brasil ingresse no mundo desenvolvido. Tal anseio reflete as pressões de uma população que cresce em ritmo acelerado, aumentando a demanda não só por empregos, mas também por melhoria nas condições de vida. Todos os planos econômicos elaborados no período compartilham o foco no crescimento econômico, no emprego e na distribuição regional da renda.

Os esforços dos primeiros anos deram resultados tão positivos a ponto de o espetacular crescimento ser referido como "milagre econômico". O "bolo", como se dizia, crescia bastante. Contudo, o objetivo de melhorar a distribuição de renda ainda não fora alcançado – embora já pudesse ser verificado um movimento em direção ao aumento numérico da classe média. Apesar do relativo fechamento da economia que restringia as importações de produtos industrializados em benefício da indústria nacional, o Brasil não conseguiu ficar imune às crises econômicas que assolaram o mundo na década de 1970. Os choques do petróleo de 1973 e de 1979 provocaram grande impacto sobre a estrutura de nossa economia que teve de se adaptar a uma situação de escassez do combustível. Assim, um cenário de crise energética e de inflação galopante marcou toda a década de 1980, levando à percepção daquela como a "década perdida", caracterizada não mais pelo crescimento, mas pela estagnação econômica. O desemprego e a queda no poder aquisitivo comprometeram, em grande medida, os avanços alcançados nos anos anteriores.

Porém nem tudo foi perdido. As pressões exercidas pela crise do petróleo alavancaram o desenvolvimento tecnológico brasileiro em dois segmentos em que nos tornaríamos líderes mundiais: a produção de petróleo em águas profundas (Petrobras) e a utilização de álcool como combustível alternativo de fonte renovável (Proálcool). A engenharia nacional mostrou-se extremamente bem-sucedida como pioneira tanto no desenvolvimento quanto na utilização dessas novas tecnologias. O desafio do desenvolvimento econômico despertou atenção para a importância do desenvolvimento científico e tecnológico. Inúmeros centros de pesquisa foram instalados no país, ligados ao governo, a universidades ou a grandes empresas. Centros como o Cenpes (Petrobras), o Cepel (Eletrobrás) e o Cetem (Ministério da Ciência, Tecnologia e Inovação) apresentam-se como alternativa de carreira para engenheiros que se sentem mais atraídos para a pesquisa do que para a gestão ou operação.

## 1990 – Globalização, qualidade e sustentabilidade

A virada para o século XXI representa o amadurecimento de um país que se esforça para modernizar-se. Este período é marcado por grandes avanços na consolidação da democracia e na abertura para o mundo, tanto do ponto de vista econômico quanto do cultural. As tecnologias de transporte e de comunicação aproximam organizações e indivíduos, não importando em que parte do globo estejam. Mercadorias, serviços e ideias fluem por toda parte, através de navios, aviões ou fibra ótica.

> **? CURIOSIDADE**
>
> Acesso à educação
>
> Segundo dados do IBGE, de 2000 a 2010, o total de pessoas com nível superior cresceu 129%. Dessas, aquelas com diploma em medicina tiveram um aumento de apenas 32%, engenharia 75% e direito 95%.

A desaceleração do crescimento demográfico e o aumento da renda propiciado pelo fim da hiperinflação deram condições para que políticas de redistribuição de renda se tornassem eficazes. Uma enorme parcela da população ascende socialmente, fazendo com que, em 2010, mais da metade dos brasileiros fizesse parte da classe média. Outras transformações são refletidas no censo do IBGE daquele ano. Mais de 80% dos brasileiros vivem em cidades, a taxa de fecundidade já é menor que dois filhos por mulher – número equivalente ao de países desenvolvidos – e a expectativa média de vida elevou-se para mais de 73 anos, aproximando-se dos 75 anos dos europeus.

A melhoria das condições de vida veio acompanhada de um melhor ***acesso à educação***. Em 2010, 90% da população do país sabiam ler e escrever – o que contrasta com os 81% de pessoas alfabetizadas em 1990. Com relação à educação superior, de 2000 a 2010, o número de pessoas com nível superior completo mais que dobrou, chegando a 13,5 milhões. A primeira década do século também testemunhou um grande crescimento do número de engenheiros. Segundo o IBGE, em 2000, pouco mais de 480.000 indivíduos possuíam diploma de graduação em algum curso de engenharia. Dez anos depois, este número saltou para mais de 840.000 engenheiros. Isto é, em 2010, de todas as pessoas com nível superior, mais de 6% eram engenheiros. Vale notar que, no mesmo ano, os médicos representavam pouco mais de 2% e os advogados, 10%.

Em meio a tal transformação social, houve um considerável aquecimento nas atividades de serviço, sensíveis ao aumento do poder aquisitivo de uma classe média cujo consumo esteve reprimido por tanto tempo. Como consequência, engenheiros começam a ir para além do canteiro de obras e do chão de fábrica. Sua formação sólida começa a despertar o interesse de bancos, instituições financeiras e empresas de consultoria gerencial, além de grandes empresas de serviços e de varejo que reconhecem o diferencial do engenheiro em relação a outros profissionais. O movimento da **_qualidade total_** que se consolidou a partir da década de 1990, evidenciou novos requisitos para uma organização se manter competitiva em um ambiente cada vez mais exigente. Com sua abordagem racional para a solução de problemas, a qualidade total se transformou em um poderoso instrumento nas mãos dos engenheiros, os quais se viram capazes de levar maior eficiência a um grande número de organizações, qualquer que fosse seu ramo de atividades.

**CONCEITO**

Qualidade total
Sistema administrativo desenvolvido no Japão, baseado na participação de todos os setores da empresa e de todos os empregados no estudo e condução do controle de qualidade. (Campos, 1992)

A modernização do país permitiu sua participação na nova economia do conhecimento e abriu novos horizontes para o profissional da engenharia. Contudo, a modernização também trouxe a dimensão do risco ambiental. O ano de 1992 introduziu no vocabulário dos governos, das organizações e dos cidadãos o termo "sustentabilidade". Naquele ano aconteceu, no Rio de Janeiro, a Conferência das Nações Unidas sobre o Meio Ambiente e Desenvolvimento (ECO-92). A preocupação central era encontrar caminhos para o desenvolvimento sustentável. Isto é, aquele que procura satisfazer as necessidades da geração atual, sem comprometer a capacidade das gerações futuras de satisfazerem as suas próprias necessidades. A partir daí, cresce o interesse na preservação dos recursos naturais, no controle da poluição industrial e urbana e na prevenção de catástrofes ambientais. Tal desafio se impõe a todas as modalidades de engenharia, já que todas elas atuam, de alguma forma, sobre os sistemas produtivos, causando com suas atividades impactos no meio ao redor. Entretanto, uma modalidade se destaca neste novo contexto, tendo a função de compreender melhor a dinâmica da produção e de seus efeitos: a engenharia ambiental.

### 2010 – O engenheiro do futuro e o futuro da engenharia

A história da engenharia no Brasil se estende por mais de um século, refletindo as transformações sociais e econômicas do país. Ao longo deste tempo, profissionais engenhosos souberam compreender os problemas de sua época e desenvolveram soluções adequadas ao contexto em que estavam inseridos. Através de seus conhecimentos e de suas ações, eles têm ajudado a construir um lugar melhor para vivermos.

Entretanto, hoje o mundo é muito mais complexo. A integração dos mercados em uma grande e complexa rede global transforma a lógica da produção e, com ela, o papel do engenheiro. Foi-se o tempo em que os problemas podiam ser confinados às fronteiras geográficas. Do mesmo modo, as soluções também passam a ser elaboradas de forma colaborativa, por equipes localizadas em diferentes empresas ou mesmo em diferentes países. O projeto de um novo produto ou processo passa a ser realizado em centros de excelência mundiais, especializados em suas competências-chave. Estabelece-se, então, uma nova divisão do trabalho, seguindo novos padrões de especialização. O desenvolvimento de produtos e processos deve responder a oportunidades de mercados dinâmicos e a restrições sociais, ambientais e legais. O mesmo acontece com a gestão dos sistemas produtivos, que não pode estar descolada da realidade social. Isso exige do engenheiro mais do que engenhosidade. Cada vez mais ele precisa ter visão sistêmica, obtida através da formação técnica, mas também científica e humanística.

Seguindo a cronologia aqui utilizada, percebemos que o passado do engenheiro no Brasil foi marcado por especializações sucessivas que respondiam às demandas impostas pelos cargos então ocupados. Vemos que o engenheiro do final do século XIX possuía uma formação generalista, com o conhecimento em técnicas construtivas sendo adicionado a uma base das ciências da natureza, notadamente a matemática. Podemos arriscar dizer que exerciam sua profissão por prazer, já que suas necessidades financeiras eram atendidas, muito provavelmente, pelos rendimentos das exportações de suas fazendas. No período seguinte, os engenheiros têm mais oportunidades de colocar em prática seus conhecimentos de engenharia civil nas grandes obras urbanísticas e de saneamento, ocupando os principais postos na administração pública. O desenvolvimento das décadas de 1930 a 1960 impulsiona a carreira de engenheiros com novas especialidades, tais como engenharia metalúrgica e de minas, desempenhada na gestão das recém-formadas empresas estatais.

Conforme a industrialização progride, aumenta o número de modalidades – mecânica, elétrica, química etc. –, bem como o número de engenheiros competindo no mercado. Com isso, a profissão perde um pouco o *glamour*, já que diminuem as chances de se conseguir um cargo de prestígio como anteriormente. Ainda assim, o milagre econômico garante carreiras respeitáveis e bem-sucedidas a esses profissionais que atuam nos quadros técnicos e de média gerência das empresas industriais. A partir da década de 1990 começa a haver uma maior procura pelas modalidades mais generalistas da engenharia: a ambiental e, principalmente, a de produção. Apesar do intenso processo de especialização – que fez com que em 2005 fossem reconhecidas cinquenta modalidades de engenharia plenas e mais 103 habilitações ou ênfases diferentes – a engenharia de produção é a mais procurada de todas. Seu caráter interdisciplinar e a forte formação humanística tendem a oferecer perspectivas de emprego mais amplas no crescente setor de serviços.

É preciso, agora, refletir sobre essa história para que possamos nos preparar melhor para o futuro que já nos bate à porta.

## 1.5 Questões para reflexão

| | |
|---|---|
| 1 | Com suas palavras, defina o que é engenharia. |
| 2 | Qual a diferença entre a Inglaterra e a França na formação histórica do engenheiro? |
| 3 | Na sua opinião, qual é a tendência da engenharia no futuro? |

## REFERÊNCIAS BIBLIOGRÁFICAS

BRAGA, M., GUERRA, A., REIS, J.C. *Breve história da ciência moderna*. Rio de Janeiro: Jorge Zahar Editor, 2005.

CAMPOS, V. F. *TQC: Controle da qualidade total (no estilo japonês)*. Belo Horizonte: Fundação Christiano Ottoni, 1992.

COSTA, C. *O sonho e a técnica: a arquitetura do ferro no Brasil*. 2ª. ed. São Paulo: EDUSP, 2001.

CURY, V. O Clube de Engenharia no contexto histórico de nascimento do moderno urbanismo brasileiro, 1880-1930. *Anais*: Seminário de História da Cidade e do Urbanismo 8.1, 2012.

ENDERS, A. *A história do Rio de Janeiro*. 2ª. ed. Rio de Janeiro: Gryphus, 2008.

FONSECA, P. Sobre a intencionalidade da política industrializante do Brasil na década de 1930. *Revista de Economia Política* 23.1, 2003.

FREYRE, G. *Homens, engenharias e rumos sociais*. Rio de Janeiro: Record, 1987.

HENRY, J. *A revolução científica*. Rio de Janeiro: Jorge Zahar Editor, 1998.

IBGE, Síntese de indicadores sociais: Uma análise das condições de vida da população brasileira 2010. *IBGE Estudos e Pesquisas*. Informação Demográfica e Socioeconômica nº 27, 2010.

MARQUES, E. Da higiene à construção da cidade: o Estado e o saneamento no Rio de Janeiro. *Histórias Ciências Saúde-Manguinhos*, v. II (2), jun/out 1995.

MARTINS, M. Entre a cruz e o capital: as corporações de ofícios no Rio de Janeiro após a chegada da Família Real 1808 – 1824. Rio de Janeiro: Garamond, 2008.

OLIVEIRA, V. Crescimento, evolução e o futuro dos cursos de engenharia. *Revista de Ensino de Engenharia*, v. 24, nº 2, p. 3-12, 2005.

OOSTHUIZEN, P., PAUL, J. *Teaching the History of Engineering: Reasons and Possible Approaches*. Department of Proceedings of the 3rd International CDI Conference, MIT, Cambridge, MI, June 11-14, 2007.

PETROSKI, H. *The Essential Engineer*. New York: Vintage Books, 2010.

## Referências eletrônicas

BUESCU, M. *História Econômica do Brasil: leitura básica*. Centro de Documentação do Pensamento Brasileiro (CDPB), 2011. Disponível em: http://www.cdpb.org.br/mircea_buescu.pdf

LAMOUNIER, M. Agricultura e mercado de trabalho: trabalhadores brasileiros livres nas fazendas de café e na construção de ferrovias em São Paulo, 1850-1890. *Estudos Econômicos*, v. 37 nº 2 São Paulo, abr/jun 2007. Disponível em: http://www.scielo.br/scielo.php?pid=S0101-41612007000200005&script=sci_arttext&tlng=es

PELÁEZ, C. A balança comercial, a grande depressão e a industrialização brasileira. *Revista Brasileira de Economia*, v. 22, nº 1, 1968. Disponível em: http://bibliotecadigital.fgv.br/ojs/index.php/rbe/article/view/1707/5946

UNIVERSITY OF KENT. *Neanderthals and their contemporaries engineered stone tools, anthropologists discover*. Science Daily, January 24, 2012. Disponível em: http://www.sciencedaily.com/releases/2012/01/120124092742.htm

# 2

# A engenharia: razão posta em prática

MARCIA AGOSTINHO
DIRCEU AMORELLI
SIMONE RAMALHO

# 2 A engenharia: razão posta em prática

## 2.1 Múltiplas atividades, múltiplas disciplinas

Quando pensamos na acepção da palavra "múltiplo", nos remetemos a algo que é formado por muitos elementos. Este adjetivo se refere a uma quantidade maior do que três; a algo numeroso, composto por elementos variados. Aplicado à engenharia, o termo "múltiplo" indica a riqueza e a complexidade das questões por ela enfrentadas. Tal característica – mais do que implicar uma multiplicidade de atividades a serem realizadas – exige que o profissional da engenharia seja capaz de entender um problema a partir de diferentes perspectivas. Daí a importância do domínio de várias disciplinas.

A enorme abrangência da engenharia explica o dilema que tende a assombrar engenheiros durante sua formação: tornar-se um especialista ou um generalista? Durante o período de faculdade, ouvem-se mitos caricaturais a este respeito. "Especialista é alguém que sabe quase tudo sobre quase nada." Partindo-se do mesmo raciocínio, "generalista é alguém que sabe quase nada sobre quase tudo". Tais definições falham por não darem conta da realidade que se mostra bem mais complexa. Ainda que o ideal seja saber bastante sobre o máximo possível, nossa racionalidade, individualmente, é limitada. A saída, então, está no reconhecimento de que a engenharia é multidisciplinar e que, portanto, é um empreendimento coletivo. O desafio que os profissionais têm que enfrentar é o de se tornarem capazes de transitar entre os diversos campos do conhecimento, interagindo e dialogando com outros indivíduos – engenheiros ou não – para, assim, desenvolverem soluções conjuntas.

Entretanto, a imagem do "gênio" isolado em sua especialidade, por mais distante que esteja da realidade, ainda alimenta preconceitos e dificulta o desenvolvimento da engenharia. O que se busca, cada vez mais, não é o tímido rapaz – escondido atrás dos grandes óculos e absorvido pelos problemas de cálculo que prefere resolver ao invés de confraternizar com amigos – que muitos associam com a figura do estudante de engenharia. Por outro lado, também não é o "cara durão" – vestido em botina e capacete, dando ordens a centenas de operários – que imaginam muitos jovens em início de carreira.

O que se percebe, em todas as áreas, é a demanda por profissionais que tenham uma visão abrangente dos problemas e que não estejam presos a hiperespecialidades limitantes. O fato é que a engenharia é feita de pessoas engenhosas e articuladas, capazes de compreender o mundo à sua volta e de reinventá-lo. Por isso, a engenharia exige muito mais do que o domínio de conhecimentos instrumentais. Ela exige, também, adaptabilidade e competência para a comunicação, inclusive através das disciplinas.

O perfil profissional usado como referência pelo Instituto Nacional de Estudos e Pesquisas Educacionais Anísio Teixeira (Inep) expressa a formação que se almeja para um engenheiro no Brasil[1]:

> "Generalista, humanista, crítica e reflexiva, com capacidade de absorver e desenvolver novas tecnologias, com atuação crítica e criativa na identificação e resolução de problemas, considerando aspectos políticos, econômicos, sociais, ambientais e culturais, com visão ética e humanística, em atendimento às demandas da sociedade."

Neste sentido, o Inep avalia se o estudante de engenharia, ao longo de seu processo de formação, desenvolveu as seguintes competências e habilidades:

| | |
|---|---|
| I | aplicar conhecimentos matemáticos, científicos, tecnológicos e instrumentais à engenharia; |
| II | projetar e conduzir experimentos e interpretar resultados; |
| III | conceber, projetar, executar e analisar sistemas, produtos e processos; |
| IV | planejar, supervisionar, elaborar e coordenar projetos e serviços de engenharia; |
| V | identificar, formular e resolver problemas de engenharia; |

**NOTA**

[1] Portaria Inep nº 252, de 02 de junho de 2014. Publicada no Diário Oficial da União em 04 de junho de 2014. Disponível em: http://download.inep.gov.br/educacao_superior/enade/legislacao/2014/diretrizes_cursos_diplomas_bacharel/diretrizes_bacharel_engenharia.pdf – Acesso em 12/dez/2014.

## NOTA

[2] PÓLYA, George. *How to Solve It*. Garden City, NY: Doubleday 1957, p. 253.

| VI | desenvolver e/ou utilizar novos materiais, ferramentas e técnicas; |
| --- | --- |
| VII | supervisionar, operar e promover a manutenção de sistemas; |
| VIII | avaliar criticamente a operação e a manutenção de sistemas; |
| IX | compreender e aplicar ética e responsabilidade profissionais; |
| X | avaliar o impacto das atividades da engenharia no contexto social e ambiental; |
| XI | avaliar a viabilidade econômica de projetos de engenharia; |
| XII | comunicar-se eficientemente nas formas escrita, oral e gráfica; |
| XIII | atuar em equipes multidisciplinares; |
| XIV | assumir a postura de permanente busca de atualização profissional. |

Engenharia: a arte de resolver problemas

Em 1957, G. Polya[2] publicava um livro com o qual pretendia orientar estudantes a respeito dos passos necessários na resolução de problemas. Nesta obra, ainda tão atual, ele comentava que é preciso libertar-se dos entraves que impedem o raciocínio de fluir livremente. Para isso, devemos manter uma atitude mental aberta e clara, lançando mão do que os gregos denominavam "heurística" – o estudo do método e das regras que conduzem à descoberta e à invenção. Poderíamos dizer que essa atitude nos conduz à engenhosidade – caráter primordial da engenharia.

Tal atitude se revela metódica, fazendo da engenhosidade mais do que um dom. Ela é uma arte. O método pode ser resumido nos seguintes passos (POLYA, 1957):

*Primeiro*: Compreensão do problema – "Qual é a incógnita?" "Quais são os dados?" "Qual é a condicionante?"

*Segundo*: Estabelecimento de um plano – "Já o viu antes?" "Conhece um problema correlato?" "É possível reformular o problema?"

*Terceiro*: Execução de um plano – "É possível demonstrar que ele está correto?"

*Quarto*: Retrospecto – "É possível verificar o argumento?" "É possível chegar ao resultado por um caminho diferente?"

Desde que se tornou uma profissão acadêmica formal, a engenharia tem evoluído e se diferenciado. Inicialmente eram apenas as engenharias militar e civil, hoje são centenas de modalidades e especializações. Ainda assim, há algo fundamental que une todas elas e que conferem a identidade de qualquer profissional da engenharia: a arte de resolver problemas.

## Desenvolvendo soluções especializadas

A criação de novas modalidades e especializações não é um capricho. Ao contrário, ela é uma resposta ao surgimento de problemas cada vez mais complexos, os quais exigem conhecimentos cada vez mais especializados para solucioná-los. Por exemplo, conforme a matriz energética se transferia do carvão para o petróleo, aumentava a necessidade de conhecimentos em química, que não eram supridos nem pela engenharia civil, nem pela engenharia de minas. O crescimento do número de especialistas em química alavancou o desenvolvimento de uma série de outras oportunidades tecnológicas, fazendo com que a engenharia química avançasse muito além da petroquímica. Especialidades que surgem para resolver certos problemas tornam-se, elas próprias, instrumentos de viabilização de novas tecnologias e de novos campos de atividade.

Seguindo esta dinâmica, a engenharia se torna mais ampla e variada. As primeiras modalidades de engenharia surgiram como resposta ao desafio da urbanização, estando voltadas para a construção de infraestrutura, transporte e energia. Este é o caso das engenharias civil, de minas, química e elétrica. Com o processo de industrialização avançando, modalidades como a engenharia mecânica, a de materiais e a de produção tornaram-se também relevantes. A partir das últimas décadas do século XX, o crescimento econômico começou a mostrar sua outra face, trazendo à discussão o tema sustentabilidade. Cresce, então, a procura por cursos de engenharia ambiental, florestal e de energias alternativas.

| GRUPOS DE MODALIDADES DE ENGENHARIA, SEGUNDO O INEP | |
|---|---|
| GRUPO I | Engenharia cartográfica, **engenharia civil**, engenharia de agrimensura, engenharia de construção, engenharia de recursos hídricos, engenharia geológica e engenharia sanitária |
| GRUPO II | Engenharia da computação, engenharia de comunicações, engenharia de controle e automação, engenharia de redes de comunicação, engenharia de telecomunicações, **engenharia elétrica**, engenharia eletrônica, engenharia eletrotécnica, engenharia industrial elétrica e engenharia mecatrônica |
| GRUPO III | Engenharia aeroespacial, engenharia aeronáutica, engenharia automotiva, engenharia industrial mecânica, **engenharia mecânica** e engenharia naval |
| GRUPO IV | Engenharia biomédica, engenharia bioquímica, engenharia de alimentos, engenharia de biotecnologia, engenharia industrial química, engenharia industrial têxtil, **engenharia química** e engenharia têxtil |
| GRUPO V | Engenharia de materiais e suas ênfases e/ou habilitações, engenharia física, **engenharia metalúrgica** e engenharia de fundição |
| GRUPO VI | **Engenharia de produção** e suas ênfases |
| GRUPO VII | Engenharia, **engenharia ambiental**, engenharia de minas, engenharia de petróleo e engenharia industrial |
| GRUPO VIII | Engenharia agrícola, **engenharia florestal** e engenharia de pesca |

Como mostra o quadro anterior, o Inep divide as quase cinquenta modalidades de engenharia em oito grupos, nos quais se destacam as seguintes – com suas respectivas atribuições segundo o Conselho Federal de Engenharia, Arquitetura e Agronomia (Confea)[3]:

| | |
|---|---|
| I | **Engenharia Civil** – "atividades referentes a edificações, estradas, pistas de rolamentos e aeroportos; sistema de transportes, de abastecimento de água e de saneamento; portos, rios, canais, barragens e diques; drenagem e irrigação; pontes e grandes estruturas; seus serviços afins e correlatos". |
| II | **Engenharia Elétrica** – "atividades referentes à geração, transmissão, distribuição e utilização da energia elétrica; equipamentos, materiais e máquinas elétricas; sistemas de medição e controle elétricos; seus serviços afins e correlatos". |
| III | **Engenharia Mecânica** – "atividades referentes a processos mecânicos, máquinas em geral; instalações industriais e mecânicas; equipamentos mecânicos e eletromecânicos; veículos automotores; sistemas de produção de transmissão e de utilização do calor; sistemas de refrigeração e de ar-condicionado; seus serviços afins e correlatos". |
| IV | **Engenharia Química** – "atividades referentes à indústria química e petroquímica e de alimentos; produtos químicos; tratamento de água e instalações de tratamento de água industrial e de rejeitos industriais; seus serviços afins e correlatos". |
| V | **Engenharia Metalúrgica** – "atividades referentes a processos metalúrgicos, instalações e equipamentos destinados à indústria metalúrgica, beneficiamento de minérios; produtos metalúrgicos; seus serviços afins e correlatos". |
| VI | **Engenharia de Produção**[4] – "atividades referentes aos procedimentos na fabricação industrial, aos métodos e sequências de produção industrial em geral e ao produto industrializado; seus serviços afins e correlatos". |

**NOTAS**

[3] Confea, Resolução nº 218 de 29 de junho de 1973. Disponível em http://normativos.confea.org.br/ementas/visualiza.asp?idEmenta=266 – Acesso em 08/dez/2014.

[4] Confea, Resolução nº 235 de 09 de outubro de 1975. Disponível em: http://normativos.confea.org.br/downloads/0235-75.pdf – Acesso em 08/dez/2014.

> **NOTA**
>
> [5] Confea, Resolução nº 447 de 22 de setembro de 2000. Disponível em: http://normativos.confea.org.br/ementas/visualiza.asp?idEmenta=495&idTipoEmenta=5&Numero= – Acesso em 08/dez/2014.

**VII** — **Engenharia Ambiental**[5] – "atividades referentes à administração, gestão e ordenamento ambientais e ao monitoramento e mitigação de impactos ambientais; seus serviços afins e correlatos".

**VIII** — **Engenharia Florestal** – "atividades referentes à engenharia rural; construções para fins florestais e suas instalações complementares, silvimetria e inventário florestal; melhoramento florestal; recursos naturais renováveis; ecologia, climatologia, defesa sanitária florestal; produtos florestais, sua tecnologia e sua industrialização; edafologia; processos de utilização de solo e de floresta; ordenamento e manejo florestal; mecanização na floresta; implementos florestais; economia e crédito rural para fins florestais; seus serviços afins e correlatos".

A pluralidade que caracteriza a engenharia reflete os desafios da sociedade contemporânea. Novos problemas surgem a cada dia e, pela ação metódica e perseverante dos engenheiros, são transformados em oportunidades de desenvolvimento e de prosperidade. Não há limites para sua atuação. Onde quer que o desejo de transformação encontre a engenhosidade racional, haverá campo para a engenharia.

## 2.2 O processo de formação profissional

Engenharia é uma carreira ampla, cujos profissionais optam por se especializar em áreas de concentração que respondam melhor a seus interesses. Aquele que fica intrigado com a mecânica de estruturas de obras civis ou monumentos como a Torre Eiffel ou a Ponte Rio-Niterói pode vir a estudar engenharia civil. Outro que queira resolver problemas que afetam o meio ambiente pode preferir se dedicar à engenharia ambiental. Contudo, qualquer modalidade da engenharia exigirá que o candidato a engenheiro tenha muitas aulas de física e matemática e que seja primordialmente um pensador analítico e lógico. Afinal, o diferencial da engenharia está na competência para usar a razão na resolução de problemas. Engenheirar é, em grande medida, inovar. Para tanto, o engenheiro também deve ser capaz de conceber soluções muitas vezes pouco ortodoxas. Assim, além da razão, a engenhosidade característica da profissão também inclui uma boa dose de criatividade.

Quando olhamos para trás, percebemos que muitas coisas mudaram sensivelmente. Passamos de réguas de cálculo a calculadoras e, depois, para PCs e laptops sem fio. Inventamos telefones celulares e a internet, mapeamos o genoma humano, criamos nanotubos de carbono. Basta pensar em tudo isso para notarmos o quanto avançamos. Outras coisas, porém, parecem continuar exatamente como no passado. Questões que estiveram conosco nos últimos anos ainda permanecem sem resposta adequada, tais como: fazer com que o ano do calouro seja mais estimulante; esclarecer as múltiplas atividades de um engenheiro; melhorar a escrita e as habilidades de comunicação de graduandos em engenharia; trazer a riqueza da diversidade brasileira para o mercado de trabalho de engenharia; dar aos alunos uma compreensão básica dos processos de gestão de negócio e obter dos alunos um pensar aprofundado das questões sobre ética profissional e responsabilidade social.

A formação de homens e mulheres que dirigem a mudança tecnológica precisa contemplar o fato de que eles devem trabalhar em um contexto social, econômico e político com dinâmicas próprias. Somos testemunhas de avanços exponenciais em conhecimento, instrumentação, comunicação e recursos computacionais que criaram possibilidades inimagináveis, e os alunos estão atravessando as fronteiras das disciplinas tradicionais de forma sem precedentes. Na verdade, a distinção entre ciência e engenharia em alguns domínios foi quase extinta, o que levanta novas questões para a educação em engenharia.

## A educação superior no Brasil

O sistema escolar brasileiro é regido por leis, as quais seguem a mesma hierarquia da organização administrativa da República Federativa do Brasil, com esferas federais, estaduais e municipais. É fato que existem várias leis para a educação, contudo a principal delas é a Lei de Diretrizes e Bases (LDB) da Educação Nacional que edita e organiza todo o sistema educacional brasileiro, bem como todas as disciplinas acadêmicas que o regem, inclusive o Ensino Superior.

## As Leis de Diretrizes e Bases da Educação Nacional (LDB)

### LDB de 1961

A Lei nº 4.024, de 20 de dezembro de 1961, fixava as diretrizes e bases da educação nacional. E já no seu artigo 1º relatava que a educação nacional era inspirada nos princípios de liberdade e solidariedade humana e tinha como um dos principais objetivos preparar o indivíduo e a sociedade como um todo para o domínio dos recursos científicos e tecnológicos que permitissem vencer as dificuldades do meio (BRASIL, 1961). Outra especificidade desta LDB é o artigo 2º, o qual comentava que "A educação é direito de todos e será dada no lar e na escola", e ainda no parágrafo único do referido artigo: "À família cabe escolher o gênero de educação que deve dar a seus filhos" (BRASIL, 1961). Ou seja, era da família a prerrogativa de escolher como iria oferecer a educação, ensinar as disciplinas aos seus filhos. Quando a família achasse seu filho estava apto a ir para uma série determinada o submeteria a uma avaliação, pela qual, conseguindo aprovação, ingressaria naquela série.

### LDB de 1971

A Lei nº 5.692, de 11 de agosto de 1971, fixou diretrizes e bases para o ensino de 1º e 2º graus, incluindo outras providências. E já no seu artigo 1º coloca que a educação visa uma formação para o trabalho e o preparo para o exercício consciente da cidadania (BRASIL, 1971). Não podemos esquecer que o contexto desta LDB era um dos momentos políticos mais críticos de nossa história, a ditadura militar. Dentre as principais reformulações e aprimoramentos que foram realizados no ensino com a LDB de 1971 comparada à anterior podemos citar as mudanças de nomenclatura em relação aos graus de ensino. A nomenclatura 1º grau equivalia ao ensino primário e ao ginásio da LDB anterior; o 2º grau equivalia ao antigo colegial. O Grau

Superior, como foi intitulado desde 1961, passou a se chamar, segundo a LDB de 1971, de Ensino Superior.

## LDB de 1996

A Lei nº 9.394, de 20 de dezembro de 1996, estabelece as diretrizes e bases da educação nacional. É fato que esta LDB atual foi um marco para a educação, visto que, após anos e anos de debates entre a sociedade civil e seus representantes no Congresso Nacional e Câmara dos Deputados, buscava dar um direcionamento à educação brasileira.

Atualmente a LDB, em seu artigo 2º, delibera que a educação é um dever não só da família, mas também do Estado, inspirada pelos princípios da liberdade e pelos ideais da solidariedade humana, que vislumbram o pleno desenvolvimento do educando, seu preparo para o exercício da cidadania e sua qualificação para o trabalho (BRASIL, 1996).

Assim como a LDB de 1971 promulgou mudanças nas nomenclaturas dos graus de ensino em relação à LDB de 1961, a atual LDB transformou-os basicamente em dois níveis de ensino, isto é, Educação Básica e Ensino Superior. Entende-se por Educação Básica a Educação Infantil (crianças menores de 7 anos), o Ensino Fundamental (equivalente ao ensino de 1º grau) e o Ensino Médio (equivalente ao antigo 2º grau). O Ensino Superior manteve-se com a nomenclatura antiga.

## O crescimento do Ensino Superior no Brasil

No âmbito do Ensino Superior, podemos citar, entre outras mudanças, o ato que revogou a Resolução nº 48/76, a qual estabelecia o currículo mínimo para os cursos de graduação. Isso foi um dos fatores que determinaram um crescimento que há muito não se via no Ensino Superior brasileiro a partir de 1997, com a expansão das instituições de ensino superior (IES) existentes e a criação de muitas outras novas. A média anual de criação de novos cursos de engenharia cresceu vertiginosamente após a nova LDB, passando de aproximadamente 12 novos cursos ao ano, de 1989 a 1996, para mais de 78 novos cursos ao ano no período de 1997 a 2005. Em 1995, existiam 525 cursos de 32 modalidades com 56 ênfases ou habilitações e que perfaziam aproximadamente noventa títulos profissionais distintos. Com a nova LDB e a consequente revogação das exigências das denominações e modalidades e suas ha-

> **NOTA**
>
> [6] *Revista de Ensino de Engenharia,* v. 24, nº 2, p. 3-12, 2005.

bilitações (Resoluções 48/76 e 50/76), o número de títulos de engenharia concedidos praticamente dobrou em dez anos[6].

Os debates sobre as diretrizes curriculares estenderam-se no período de 1997 a 2002, sendo a proposta final da engenharia consolidada na Resolução CNE/CES nº 11, de 11 de março de 2002, com base no Parecer CNE/CES nº 1.362/2001, de 12 de dezembro de 2001, que define o perfil de formação do engenheiro, bem como as competências e habilidades a serem desenvolvidas, partindo de três núcleos de conhecimentos a serem adquiridos no curso de engenharia: um núcleo de conteúdos básicos, um núcleo de conteúdos profissionalizantes e um núcleo de conteúdos específicos que caracterizam a habilitação do curso, a serem complementados por estágios e um trabalho de fim de curso ou projeto final obrigatórios.

## O ensino de engenharia no Brasil

As grandes transformações do final do século XX, que tornaram a competitividade um assunto a ser definido em escala global, levaram vários países a repensarem a formação profissional e a reorganizarem seus currículos universitários. No Brasil, o governo federal, através do Ministério da Educação (MEC), amparado na Lei de Diretrizes e Bases da Educação (LDB) de 1996, retirou a obrigatoriedade de um currículo mínimo obrigatório para os cursos de graduação. De acordo com o artigo 53, reconhecendo a autonomia das universidades, a Lei 9.394 assegura-lhes a atribuição de "fixar os currículos dos seus cursos e programas, observadas as diretrizes gerais pertinentes".

Desta forma, embora cada universidade tenha liberdade para estabelecer um currículo específico, é preciso seguir as diretrizes curriculares nacionais que são estabelecidas pelo Conselho Nacional de Educação (CNE) – órgão ligado ao MEC e que tem como atribuição formular e avaliar a política nacional de educação. No caso dos cursos de graduação em engenharia, a Resolução CNE/CES nº 11, de 11 de março de 2002, institui que:

"Art. 4º A formação do engenheiro tem por objetivo dotar o profissional dos conhecimentos requeridos para o exercício das seguintes competências e habilidades gerais:

| | |
|---|---|
| I | aplicar conhecimentos matemáticos, científicos, tecnológicos e instrumentais à engenharia; |
| II | projetar e conduzir experimentos e interpretar resultados; |
| III | conceber, projetar e analisar sistemas, produtos e processos; |
| IV | planejar, supervisionar, elaborar e coordenar projetos e serviços de engenharia; |
| V | identificar, formular e resolver problemas de engenharia; |
| VI | desenvolver e/ou utilizar novas ferramentas e técnicas; |
| VI* | supervisionar a operação e a manutenção de sistemas; |
| VII | avaliar criticamente a operação e a manutenção de sistemas; |
| VIII | comunicar-se eficientemente nas formas escrita, oral e gráfica; |
| IX | atuar em equipes multidisciplinares; |
| X | compreender e aplicar a ética e responsabilidade profissionais; |
| XI | avaliar o impacto das atividades da engenharia no contexto social e ambiental; |
| XII | avaliar a viabilidade econômica de projetos de engenharia; |
| XIII | assumir a postura de permanente busca de atualização profissional." |

* O item VI está repetido no original.

Cabe, então, a cada universidade desenvolver um projeto pedagógico que garanta o desenvolvimento de tais competências e habilidades. Para tanto, as diretrizes do CNE estabelecem que "todo curso de engenharia, independentemente de sua modalidade, deve possuir em seu currículo um núcleo de conteúdos básicos, um núcleo de conteúdos profissionalizantes e um núcleo de conteúdos específicos que caracterizem a modalidade". Os conteúdos básicos devem representar cerca de 30% da carga horária mínima e versar sobre os seguintes tópicos:

| | |
|---|---|
| I | Metodologia Científica e Tecnológica; |
| II | Comunicação e Expressão; |
| III | Informática; |
| IV | Expressão Gráfica; |
| V | Matemática; |
| VI | Física; |
| VII | Fenômenos de Transporte; |
| VIII | Mecânica dos Sólidos; |
| IX | Eletricidade Aplicada; |
| X | Química; |
| XI | Ciência e Tecnologia dos Materiais; |
| XII | Administração; |
| XIII | Economia; |
| XIV | Ciências do Ambiente; |
| XV | Humanidades, Ciências Sociais e Cidadania. |

Os conteúdos profissionalizantes devem representar algo em torno de 15% da carga horária mínima e incluir tópicos a serem escolhidos pela universidade dentre um conjunto de 53 tópicos previstos no texto das diretrizes curriculares do CNE. Os restantes 55% da carga horária mínima são preenchidos com os conteúdos específicos, os quais visam ampliar ou aprofundar os conteúdos profissionalizantes, de forma a melhor caracterizar cada modalidade de engenharia. Cada universidade tem liberdade total para definir os tópicos que serão abordados nos conteúdos específicos – que refletem conhecimentos científicos, tecnológicos e instrumentais considerados necessários para a definição das modalidades de engenharia.

A resolução do CNE/CES de número 11 estabelece, também, que os egressos dos cursos de engenharia deverão ter um "perfil com formação generalista, humanista, crítica e reflexiva, capacitado a absorver e desenvolver novas tecnologias, estimulando a sua atuação crítica e criativa na identificação e resolução de problemas, considerando seus aspectos políticos, econômicos, sociais, ambientais e culturais, com visão ética e humanística, em atendimento às demandas da sociedade".

> **NOTA**
>
> [7] MEC, outubro de 2008. Disponível em: http://portal.mec.gov.br/setec/arquivos/pdf/principios_norteadores.pdf – Acesso em: 08/dez/2014.

Com o objetivo de formar um profissional com tal perfil, as instituições de ensino superior (IES) têm discutido internamente maneiras de atualizar os currículos, tornando-os mais adequados às novas realidades social e econômica do país. Assim, são realizados esforços no sentido do desenvolvimento de um programa flexível, com conteúdo interdisciplinar; uma formação que englobe aspectos técnicos, culturais e humanísticos; capacitação para formação de engenheiros líderes em inovação e desenvolvimento tecnológico, além da inserção de novas tecnologias de aprendizagem e investimento na formação continuada dos professores.

Quando pensamos em um currículo interdisciplinar, desejamos que as informações, as percepções e os conceitos que compõem um conteúdo possam unir-se às experiências que o estudante viverá ao longo de sua vida acadêmica. Esperamos que emerja daí um engenheiro com visão crítica e capaz de estabelecer um diálogo entre as diversas áreas do saber. Ao estabelecerem essas relações, esses indivíduos estarão, então, aptos a analisar e compreender os acontecimentos passados e presentes, para que possam melhor simular e projetar o futuro.

Muito se espera do investimento no ensino das engenharias. O próprio MEC (2008)[7] expressa a crença em que "investimento nas engenharias no país é mecanismo que pode favorecer sobremaneira as matrizes da inovação e a incorporação de tecnologias aos produtos e serviços ofertados, ampliando a competitividade e abertura de novos mercados, buscando a inclusão social e a sustentabilidade". No

> **CONCEITO**
>
> Educação continuada
>
> Educação continuada diz respeito a "toda ação desenvolvida após a profissionalização com propósito de atualização de conhecimentos e aquisição de novas informações". Disponível em: http://www.scielo.br/pdf/reeusp/v41n3/19.pdf – Acesso em 19/dez/2014.

> **NOTA**
>
> [8] Leitão, M. 2001. Disponível em: http://www.abenge.org.br/CobengeAnteriores/2001/trabalhos/MTE096.pdf – Acesso em 16/dez/2014.

mesmo documento, porém, fica explícito que, apesar dos prováveis benefícios para o país, a engenharia não é uma prioridade do governo. Lê-se no mesmo parágrafo da página 30 (MEC, 2008): "Ressalta-se, contudo, que a agenda social é prioritária."

Estudiosos do tema notam que a flexibilidade marcará o ensino de engenharia, com cada curso procurando oferecer a maior variedade possível de perfis de carreira. Leitão (2001) conclui ainda que "o conceito de ***educação continuada*** certamente vai facilitar a adaptação do profissional às mudanças bruscas do mundo contemporâneo. Nesse aspecto, o advento do ensino à distância será um aliado poderoso. A multiplicidade de diplomas e certificados certamente vai exigir também uma reformulação total na regulamentação da profissão. Será preciso ter sempre sob controle a proliferação dessa diversidade, para que não sobrevenha uma desvalorização do profissional de engenharia, ainda maior que a hoje existente".[8]

Parece evidente que, se desejamos a prosperidade do país, é preciso investir no sistema educacional como um todo, inclusive nas áreas de ciências exatas e engenharia. Para que a "agenda social" seja seguida, é fundamental que haja geração de riqueza – o que acontece quando há produção em larga escala e com alta qualidade. Em uma era de inovação e de sofisticação tecnológica, o crescimento econômico e o desenvolvimento social dependem diretamente da racionalidade produtiva e administrativa. Competências adquiridas em cursos de ciência, tecnologia, matemática e engenharia contribuem para a prática racional e o consequente sucesso no desempenho das diversas instituições e iniciativas das quais depende o progresso nacional. A disponibilidade de engenheiros com sólida formação científica e profissional reduz o risco de o país ficar à margem do processo de inovação, o qual já é acelerado.

## 2.3 Competência a serviço da sociedade

Muitos supõem que as competências são características inatas; já nasceríamos com elas, podendo até mesmo ser transmitidas pelos genes. Para nossa boa sorte, não. Essas são características que podem ser desenvolvidas a qualquer tempo, exigindo-se para tanto, porém, disposição, interesse e treinamento adequado. Nos últimos dois séculos, esperava-se que as competências fundamentais fossem adquiridas por meio da cultura dos países em que os profissionais estavam inseridos. Com a globalização das empresas, esta visão mudou radicalmente. Hoje, é comum que profissionais sejam transferidos de uma filial para outra, muitas vezes mudando até de continente. Além disso, os modelos gerenciais que emergiram a partir da década de 1980 colocaram um novo desafio àqueles que antes tinham apenas uma função técnica focada na execução de tarefas: participar do planejamento e do controle das atividades. Portanto, além da aquisição de conhecimentos técnicos específicos, o engenheiro deve desenvolver uma gama de competências, incluindo competências comunicacionais e gerenciais – que, cada vez mais, independem do campo de especialização da engenharia que se escolheu.

Considerando as mudanças de comportamento ocorridas nas últimas décadas em relação ao trabalho e à sua organização, Philippe Zarifian propõe, em seu livro *Objetivo competência: por uma nova lógica*, uma nova definição para "competência". Segundo ele (Zarifian, 2001),

> "A competência é 'o tomar iniciativa' e 'o assumir responsabilidade' do indivíduo diante de situações profissionais com as quais se depara. [...] A competência é um entendimento prático de situações que se apoia em conhecimentos adquiridos e os transforma na medida em que aumenta a diversidade das situações."

Neste sentido, a competência de um indivíduo implica seu posicionamento responsável e autônomo diante de uma situação de trabalho. Assim, sua competência só se manifesta na prática, nas condições concretas da ação profissional, em que ele pode demonstrar seus conhecimentos, habilidades e atitudes.

Maria Rita Gramigna, pedagoga e autora do livro *Modelo de competências e gestão dos talentos*, utiliza a metáfora "árvore das competências", sendo que as três partes – raízes, tronco e copa – combinadas completam o todo. Com base neste conceito, comparando-se ao desenvolvimento de uma árvore todo indivíduo pode alcançar as competências necessárias: as atitudes e valores correspondendo à raiz; o conhecimento, ao tronco; e as habilidades, à copa.

Os aspirantes a engenheiros enxergam nos cursos de especialização, de idiomas, de extensão, pós-graduação ou de reciclagem recursos para aprimorar suas competências. Porém, como bem explicou a professora Maria Rita, o acúmulo de conhecimento é apenas umas das partes da nossa "árvore de competências". Na verdade, existem outras que muitas vezes são avaliadas em um primeiro momento como não prioritárias, mas que, na vivência profissional, podem ser consideradas competências essenciais.

A Classificação Brasileira de Ocupações (CBO), instituída pela Portaria Ministerial nº 397, de 9 de outubro de 2002, tem por finalidade a identificação das ocupações no mercado de trabalho, para fins classificatórios junto aos registros administrativos e domiciliares. Abaixo, é apresentado o quadro de competências pessoais necessárias para a capacitação do profissional de engenharia, segundo a análise da CBO.

**COMPETÊNCIAS PARA O ENGENHEIRO**

- Desenvolver senso crítico
- Evidenciar criatividade
- Cultivar raciocínio indutivo
- Demonstrar iniciativa
- Desenvolver flexibilidade
- Desenvolver raciocínio dedutivo
- Evidenciar credibilidade
- Demonstrar curiosidade
- Desenvolver persistência

Fonte: Classificação Brasileira de Ocupações

É possível observar que as competências estabelecidas pela CBO para os profissionais da engenharia são coerentes com a definição proposta por Zarifian, que chama a atenção para aspectos comportamentais fundamentais, sem os quais o puro conhecimento técnico se torna limitado.

No caso específico da engenharia – profissão que lida com os modernos sistemas de produção e que, consequentemente, se renova em função das novas dinâmicas competitivas globais –, podemos destacar, pelo menos, quatro conjuntos de competências que são fundamentais para o desempenho profissional, qualquer que seja a especialização. São eles: *competências comunicacionais; modelagem e solução de problemas; qualidade e melhoria de processos, e gerenciamento de projetos.* Cada uma dessas competências será explorada no capítulo 4 deste livro.

## 2.4 Questões para reflexão

**1** Enumere três competências básicas do engenheiro e detalhe a sua importância na atuação profissional.

**2** No curso de engenharia que você deseja, quais as competências mais importantes e por quê?

**3** Qual a importância do trabalho em equipe na engenharia?

## REFERÊNCIAS BIBLIOGRÁFICAS

BRUNO, Marcos L. Selecionar por competências. In: *Gestão de RH por competências e a empregabilidade.* 3ª ed. São Paulo: Papirus, 2008.

CANIATO, Rodolfo. *Com ciência na educação.* São Paulo: Papirus, 1989.

CUNHA, Flávio M. A formação do engenheiro na área humana e social. In: BRUNO, Lúcia; LAUDARES, João B. (orgs.). *Trabalho e formação do engenheiro.* Belo Horizonte: Fumarc, 2000. p. 267-312.

FAZENDA, Ivani C. A. (org.) *Práticas interdisciplinares na escola* São Paulo: Cortez, 1991.

FERRAZ, Hermes. *A formação do engenheiro: um questionamento humanístico.* São Paulo: Ática, 1983.

FORMIGA, Marcos. *Inova engenharia: Propostas para a modernização da educação em engenharia no Brasil.* Brasília, 2006.

GRAMIGNA, Maria Rita R. *Modelo de competências e gestão dos talentos.* 2ª ed. São Paulo: Pearson Education, 2007.

KAWAMURA, Lili K. *Engenheiro: trabalho e ideologia.* São Paulo: Ática, 1979.

O'CONNOR, P.D.T. *The Practice of Engineering Management*. John Wiley, Chichester, 235 p., 1994.

POLYA G. *A arte de resolver problemas*. Tradução de Heitor Lisboa de Araújo. Rio de Janeiro: Interciência,1978.

RAUL Prebisch e a industrialização da América Latina. *Boletim Informativo da FIESP/CIESP*. II (100), 3/9/1951: 20-2.

REVISTA de Ensino de Engenharia, v. 24, n° 2, p. 3-12, 2005 – ISSN 0101-5001

SILVEIRA, Marcos A. *A formação do engenheiro inovador: uma visão internacional*. Rio de Janeiro: Abenge, 2005.

TELLES, Pedro C. da S. *História da engenharia no Brasil (séculos XVI a XIX)*. 2ª ed. Rio de Janeiro: Clavero, 1994.

TONINI, Adriana Maria. *Ensino de engenharia: atividades acadêmicas complementares na formação do engenheiro*. Tese (Doutorado em Educação) – Faculdade de Educação, Universidade Federal de Minas Gerais, Belo Horizonte, 2007. 223 f.

ZARIFIAN, Philippe. *Objetivo competência: por uma nova lógica*. São Paulo: Atlas, 2001.

## Referências eletrônicas

BRASIL. *Ministério do Trabalho e do Emprego*. Classificação Brasileira de Ocupações (CBO), Disponível em: http://www.mtecbo.gov.br/cbosite/pages/home.jsf. Acessado em 06/11/2014

LODER, Liane L. *Ensino de engenharia: possibilidades de uma perspectiva freireana*. Disponível em: http://www.abenge.org.br/CobengeAnteriores/2004/artigos/03_194.pdf

# 3 O engenheiro

MARCIA AGOSTINHO
DIRCEU AMORELLI
SIMONE RAMALHO

# 3 O engenheiro

## 3.1 A função do engenheiro

É fato que a sociedade atual passa por profundas transformações baseadas, principalmente, no surgimento de novas tecnologias em intervalos de tempo cada vez mais curtos. Tal fenômeno se reflete na forma cada vez menos presencial de comunicação entre pessoas e na alta velocidade das trocas das informações, alterando sobremaneira o modo de pensar e viver dos indivíduos.

As novas características da sociedade moderna impõem ao engenheiro um novo papel que, de certa forma, amplia e diversifica sua missão perante a sociedade. Assim sendo, para dar conta dos desafios impostos por esse novo contexto ágil e volátil da sociedade atual, o engenheiro necessita desenvolver características que podem, ou não, estar diretamente representadas nas grades curriculares, como a habilidade de comunicação, negociação, liderança, entre outras.

Nesse contexto, tem se tornado cada vez mais nítida uma classificação dos profissionais de engenharia de acordo com o tipo de função exercida: o engenheiro *de projetos*, o engenheiro *cientista* e o engenheiro *de sistemas*.

O *engenheiro de projetos ou projetista* é aquele que deve ter um profundo conhecimento tecnológico numa área específica, devendo ser um *expert* na sua área de atuação. Este tipo de engenheiro tem a função de concretizar, na forma de projetos de produtos, serviços e processos, as novas demandas criadas pela sociedade.

O *engenheiro cientista* tem o seu foco na pesquisa, desenvolvimento e inovação, e normalmente atua em institutos de pesquisa e universidades. Está sempre voltado para a busca de soluções dos problemas que afetam ou irão afetar a sociedade, expandindo a gama de conhecimentos atuais de modo a ampliar o bem-estar comum.

O *engenheiro de sistemas ou sistêmico*, por sua vez, é aquele que possui uma visão multidisciplinar das engenharias e usa uma abordagem voltada para o gerenciamento e a administração dos sistemas de produção de forma integrada, fazendo uso do conhecimento empresarial e organizacional. Este é o engenheiro que normalmente atua como executivo e se preocupa também com a economia, as finanças e a execução do negócio, pois possui o papel de atender a demanda da sociedade por produtos e serviços.

Para exercer o seu papel é preciso que o engenheiro se enquadre nos perfis que são exigidos para cada tipo de função de engenharia. Por exemplo, o *engenheiro projetista* deve ser alguém atento a detalhes, o *engenheiro cientista* deve ter uma natureza investigativa, ao passo que o *engenheiro sistêmico* deve ter a habilidade de trabalhar com pessoas, dominar a comunicação e possuir liderança, sem deixar de lado o conhecimento científico que está na base da formação de todo engenheiro.

É importante ressaltar que no mundo atual todos devem estar preparados para tomar decisões em um ambiente de incerteza, apesar do perfil específico que é exigido para cada tipo de função de engenharia citado acima.

Outra atenção que o engenheiro moderno deve ter é com a sustentabilidade. Das últimas décadas do século XX para cá, torna-se cada vez mais premente que o profissional tenha internalizado a responsabilidade que possui perante a sociedade, trabalhando para fazer o melhor uso possível dos recursos naturais, visando satisfazer as necessidades presentes, sem comprometer, contudo, a satisfação das necessidades das gerações futuras. É função inalienável do engenheiro moderno otimizar a relação entre as necessidades e os recursos do presente com vistas à manutenção das necessidades das futuras gerações.

O engenheiro assume hoje um papel mais abrangente na sociedade e, portanto, deve estar consciente de que a sua preparação vai além dos círculos da universidade. Como empreendedor de base científica, deve procurar ampliar sua visão também nas áreas de ciências humanas de forma a corresponder às expectativas que a sociedade demanda para a sua sobrevivência no longo prazo. Para atingir estes objetivos, são exigidas qualidades profissionais intrínsecas dos engenheiros que merecem atenção.

## Qualidades do profissional de engenharia

Todo profissional é valorizado por aquilo com que contribui. Assim, quanto maior a colaboração, maior é a valorização correspondente. Com os profissionais de engenharia não é diferente. Entretanto, devido à total dependência da maior parte das sociedades atuais dos frutos da tecnologia, o engenheiro encontra-se numa posição privilegiada quando comparado a ocupantes das outras profissões. Porém, para usufruir de tais privilégios, é preciso desenvolver algumas competências que formam as qualidades essenciais dos engenheiros que irão proporcionar as contribuições pelas quais os profissionais da engenharia serão valorizados.

A primeira qualidade que o engenheiro deve ter é a *curiosidade* para investigar novas propriedades e técnicas que possam ser incorporadas a seu trabalho de forma a aumentar a produtividade. Como consequência direta desta qualidade, é preciso que o engenheiro esteja sempre atualizado com as tecnologias mais recentes e informado sobre os princípios que estão por trás delas.

A *agilidade* também é um requisito importante, pois em um mundo onde a demora pode significar obsolescência, o profissional da engenharia necessita agir com rapidez para que os prazos nas diversas etapas de um empreendimento sejam cumpridos com rigor. Isto exige também bastante *tenacidade*, pois o desgaste, com o tempo, exerce uma pressão constante.

A *flexibilidade* e a *criatividade* são fortes aliadas que o engenheiro deve ter à mão, uma vez que são usadas para adaptar os meios concretos de realização às necessidades.

O *senso prático* é uma qualidade normalmente adquirida ao longo da carreira, pois exige, além da experiência, um grande conhecimento das técnicas, normas e dimensões. O engenheiro precisa estar familiarizado com os sistemas de medidas, ser meticuloso e prestar muita atenção aos detalhes, desenvolvendo assim uma visão tridimensional do problema a ser abordado para propor soluções razoáveis. Estes aspectos estão relacionados ao desenvolvimento do *raciocínio abstrato,* que é o poder de imaginar a forma do projeto, e o *raciocínio espacial*, que é a capacidade de vislumbrar a viabilidade do projeto em localizações e espaços predefinidos.

*Saber trabalhar em grupo* é uma qualidade essencial. Além da boa comunicação, é fundamental a capacidade de liderança em vários níveis. Normalmente, os projetos são grandes e complexos, exigindo muito do profissional de engenharia, que deve deixar claro para os operários, outros engenheiros e conjunto de profissionais de um empreendimento o que se deseja de cada um.

Todas estas qualidades evitam que as pressões prejudiquem a tomada de decisão do engenheiro, a qual deve ser rápida, mas não precipitada. Um empreendimento possui sempre um cronograma que deve ser acompanhado de maneira que a conclusão do projeto não atropele as questões de segurança. A responsabilidade do engenheiro é enorme, e erros de cálculo podem afetar a vida de pessoas.

## 3.2 Acertando as contas

### Dimensões e unidades

Os problemas de engenharia normalmente exigem cálculos e o profissional deve estar treinado para manipular os números conjuntamente com as dimensões e as unidades. Este procedimento não só ajuda a ver a solução com mais clareza como também poupa tempo e evita surpresas desagradáveis no momento da resposta final. Assim, ao fazer o emprego das unidades desde o princípio da formulação da resposta ao problema, obtém-se uma solução passível de ser rastreada, o que permitirá uma averiguação adequada do problema. Ou seja, ele poderá apresentar uma solução mais robusta, compreensível e fácil de identificar o raciocínio lógico usado na solução, bem como detectar eventuais erros.

Deve-se destacar que a importância de um sistema de unidades ultrapassa a comunicação e o trabalho de conversão. Utilizando costumeiramente o mesmo sistema de unidades, o engenheiro desenvolve sua sensibilidade em relação aos problemas com os quais se envolve com mais frequência. Dessa forma, conforme o profissional se torna mais experiente, ele tende a desenvolver uma percepção mais aguçada a respeito do comportamento das variáveis em questão e dos resultados esperados. Quando o resultado obtido diverge da expectativa é sinal de que houve algum erro no processo. Um engano em uma conta ou um dado digitado erradamente podem levar a erros grosseiros que um engenheiro experiente percebe imediatamente.

O uso cada vez mais frequente de poderosos sistemas gráficos que aceleram a produtividade e permitem a simulação de processos pode implicar, por outro lado, grande risco. Isto porque tais aparatos tecnológicos transmitem a falsa impressão de que a engenharia está se tornando mais fácil. Na verdade, está se tornando mais perigosa, pois complexas ferramentas automatizadas, quando utilizadas por profissionais inexperientes, podem provocar falhas que permanecem despercebidas até que os danos causados se tornam evidentes.

## Conceitos básicos

A primeira definição importante a saber é que toda e qualquer quantidade de uma grandeza possui um **valor numérico** e uma **unidade** correspondente. É fundamental nos cálculos de engenharia especificar tanto o valor numérico quanto a unidade da quantidade de uma determinada grandeza, por exemplo:

| Comprimento | = 3,4 metros | ou 3,4 m |
| Tempo, Duração | = 2 segundos | ou 2 s |

As unidades podem ser representadas por suas abreviações na forma de símbolos. Essa representação possui norma específica e tem o objetivo de facilitar o manuseio das unidades. Os símbolos e suas grafias são parte integrante da norma e serão abordados posteriormente neste capítulo.

Os exemplos acima são simples. Entretanto, mais adiante será visto como eles podem tomar proporções complexas, dependendo da área de conhecimento em que estiverem sendo aplicados.

Um conceito importante e que é motivo de muita confusão é a diferença entre **dimensão** e **unidade** de uma determinada grandeza:

- O conceito básico da medida de uma grandeza é a **dimensão** atribuída a essa grandeza.
- As **unidades** são a forma de expressar as dimensões das grandezas.

A tabela 1 apresenta as grandezas fundamentais do Sistema Internacional de Unidades (SI).

### TABELA 1 - GRANDEZAS FUNDAMENTAIS DO SI

| GRANDEZA DE BASE | SÍMBOLO DE GRANDEZA | SÍMBOLO DE DIMENSÃO |
|---|---|---|
| comprimento | l, x, r etc. | L |
| massa | m | M |
| tempo, duração | t | T |

| GRANDEZA DE BASE | SÍMBOLO DE GRANDEZA | SÍMBOLO DE DIMENSÃO |
|---|---|---|
| corrente elétrica | l, i | I |
| temperatura termodinâmica | T | θ |
| quantidade de substância | n | N |
| intensidade luminosa | $I_v$ | J |

Fonte: INMETRO, 2012

Para construir uma explicação mais detalhada, de forma a apresentar essas diferenças, serão usadas como exemplo as notações do comprimento e do tempo constantes na tabela 1 para as dimensões das grandezas respectivamente. Portanto, tem-se que:

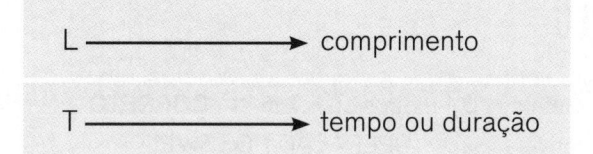

L ⟶ comprimento

T ⟶ tempo ou duração

Neste ponto já se pode vislumbrar a distinção entre grandeza e unidade. Adicionalmente, é possível perceber que existem diferentes unidades para uma mesma grandeza. Ou seja, uma grandeza pode ser representada de formas diferentes através de suas unidades. Entretanto, sua dimensão só pode estar relacionada a uma grandeza, pois representa o seu conceito básico.

Como exemplo, considere o comprimento – primeiro item da tabela 1 – que tem a sua dimensão representada por L, cujo símbolo de grandeza pode ser l, x ou r, e possui uma única dimensão. No entanto, para esta grandeza, é possível encontrar uma grande quantidade de unidades, tais como *metro* (m) e *centímetro* (cm) no sistema métrico e seus correspondentes no sistema inglês, *pé* (ft) e *polegada* (in).

Para saber qual é a medida exata de cada grandeza física em unidades adequadas é utilizado um **padrão**. Assim, por comparação, sabe-se qual é a dimensão exata de uma unidade da respectiva grandeza. Por exemplo, para medir a grandeza *comprimento* pode-se usar o *metro*. O padrão que corresponde exatamente a 1,0 unidade da grandeza comprimento – 1,0 m – é a distância percorrida pela luz, no vácuo, em 1/299.792.458 de segundo, conforme estabelecido em 1983. Portanto, cada grandeza fundamental pode ser comparada com o padrão de uma determinada unidade de forma a se obter a mesma medida da dimensão daquela unidade.

Na 14ª edição da Conferência Geral de Pesos e Medidas, estabeleceram-se as sete grandezas fundamentais, as quais constituem a base do Sistema Internacional de Unidades (SI), também conhecido como *sistema métrico*. As grandezas derivadas são definidas a partir das grandezas fundamentais e de seus padrões (padrões fundamentais). A *velocidade*, por exemplo, é definida por meio das grandezas fundamentais *comprimento* e *tempo*, medidas a partir dos seus padrões fundamentais.

Para obter as relações entre as grandezas é possível tratá-las como variáveis algébricas. Para tal, é necessário atender as seguintes condições:

> A **soma** e a **subtração** de grandezas serão permitidas desde que possuam as mesmas dimensões, no caso L.

### ⭐ EXEMPLO

➤ 3,4 metros + 2,0 metros = 5,4 metros ou 5,4 m ⇨ **CORRETO**
➤ 3,4 metros + 60 centímetros ⇨ OPERAÇÃO **POSSÍVEL**

A operação acima é possível, pois as duas grandezas possuem a mesma dimensão L (no caso, o comprimento), embora sejam representadas por unidades diferentes. Neste caso, é necessário fazer a conversão de uma das unidades para se igualarem (no exemplo, centímetros para metros). Isto é: 3,4 metros + 0,6 metros (unidade convertida) = 4,0 metros ou 4,0 m.

➤ 3,4 metros + 2,0 segundos ⇨ OPERAÇÃO **IMPOSSÍVEL**

Comprimento L + tempo T - não é uma operação possível na soma ou subtração, pois as grandezas possuem dimensões diferentes.

> A **multiplicação** ou a **divisão** de grandezas só podem ser realizadas se o resultado for uma grandeza existente.

### ⭐ EXEMPLO

➤ 3,4 metros x 2,0 metros = 6,84 metros quadrados ou 6,8 m² => **CORRETO**

A grandeza resultante dessa operação é uma grandeza existente, no caso a *área*.

### ⭐ EXEMPLO

➤ $\dfrac{(3,4 \text{ metros})}{(2,0 \text{ segundos})} = 1,70 \dfrac{\text{metros}}{\text{segundos}}$ 1,70 $\dfrac{m}{s}$ ⇨ **CORRETO**

A grandeza resultante dessa operação é uma grandeza existente, no caso a *velocidade*.

As grandezas resultantes dessas operações são as chamadas *grandezas derivadas* ou *grandezas compostas*.

A grandeza formada a partir de unidades de base (área, no exemplo 2) é chamada de *derivada*.

Quando a grandeza é formada a partir de duas unidades diferentes é chamada de *composta* (*velocidade*, no exemplo 3).

Existem, também, casos em que uma grandeza não possui dimensão. Essa grandeza é obtida através do produto ou divisão de duas ou mais grandezas que se anulam, resultando numa *grandeza adimensional*.

Normalmente estas são agrupadas em um conjunto de grandezas adimensionais. Na área de mecânica dos fluidos, por exemplo, o número de Reynolds e o número de Weber são grandezas adimensionais muito usadas.

## 3.3 Sistemas de unidades e conversões

O uso de *sistemas de unidades* vai acompanhar toda a vida profissional do engenheiro e não é raro ver aspirantes a engenheiros, e até mesmo engenheiros novatos, cometendo erros na manipulação de dados que envolvem sistemas de unidade e conversões. Devido à sua grande importância é necessário rever o assunto que servirá de base para qualquer curso de engenharia.

É provável que o assunto abordado neste capítulo já tenha sido visto nos cursos básicos de física. Entretanto, dada a grande importância dele no desempenho profissional do futuro engenheiro, recomenda-se, além da leitura atenta de todas as seções relativas a este assunto, que o aluno pesquise e se familiarize com as normas que regem as grandezas das áreas em que vai atuar como engenheiro. Por exemplo, o estudante de engenharia mecânica que vai atuar numa empresa de trocadores de calor deverá estar familiarizado com as unidades e grandezas da termodinâmica e da transferência de calor relativas a essa área do conhecimento.

Esse treinamento prévio pode facilitar a vida do estudante de engenharia durante o seu curso na universidade, pois é frequente o estudante estar diante de um problema em que a solução fica prejudicada ou incompleta por falta de hábito no manuseio das unidades das grandezas envolvidas.

## NOTAS

[1] A legislação complementar pode ser encontrada no sítio eletrônico do Inmetro/legislação.

[2] Bureau Internacional de Pesos e Medidas, criado pela convenção do metro em 1875 na França, Paris.

Cabe aqui ressaltar que o Sistema Internacional de Unidades (SI) é o sistema de uso oficial no Brasil. Portanto, o SI é o sistema legal brasileiro de uso de unidades e está em vigor desde a década de 1960.

A legislação metrológica brasileira é regida por dois decretos principais, que são o Decreto-lei nº 240/1967 e o Decreto nº 62.292/1968. Todavia, existem vários outros decretos e resoluções[1] que completam essa legislação e que são promulgados pelo Conselho Nacional de Metrologia, Normalização e Qualidade Industrial (Conmetro), que é o órgão normativo do Sistema Nacional de Metrologia, Normalização e Qualidade Industrial (Sinmetro).

O Instituto Nacional de Metrologia, Qualidade e Tecnologia (Inmetro) é o órgão do governo federal responsável pela integração sistêmica entre o Sinmetro e o Conmetro. Tal estrutura nasceu a partir da criação da Lei nº 5.966, de 11 de dezembro de 1973. O Inmetro não só teve a incumbência de substituir o Instituto de Pesos e Medidas (INPM), mas também teve suas atribuições ampliadas de forma a aumentar o poder de atuação do Estado a serviço da sociedade brasileira. O Inmetro é uma autarquia federal, vinculada ao Ministério do Desenvolvimento, Indústria e Comércio Exterior, e atua como Secretaria Executiva do Conmetro, que é um colegiado interministerial, além de ser o responsável pela publicação das resoluções do Conmetro e pela tradução oficial autorizada pelo BIPM[2] (INMETRO, 2014).

As principais competências e atribuições do Inmetro são:

- Executar as políticas nacionais de metrologia e da qualidade;

- Verificar a observância das normas técnicas e legais, no que se refere às unidades de medida, métodos de medição, medidas materializadas, instrumentos de medição e produtos pré-medidos;

- Manter e conservar os padrões das unidades de medida, assim como implantar e manter a cadeia de rastreabilidade dos padrões das unidades de medida no país, de forma a torná-las harmônicas internamente e compatíveis no plano internacional, visando, em nível primário, à sua aceitação universal e, em nível secundário, à sua utilização como suporte ao setor produtivo, com vistas à qualidade de bens e serviços;

- Fortalecer a participação do país nas atividades internacionais relacionadas com metrologia e qualidade, além de promover o intercâmbio com entidades e organismos estrangeiros e internacionais;

- Prestar suporte técnico e administrativo ao Conselho Nacional de Metrologia, Normalização e Qualidade Industrial (Conmetro), bem assim aos seus comitês de assessoramento, atuando como sua Secretaria Executiva;

- Fomentar a utilização da técnica de gestão da qualidade nas empresas brasileiras;

- Planejar e executar as atividades de acreditação de laboratórios de calibração e de ensaios, de provedores de ensaios de proficiência, de organismos de certificação, de inspeção, de treinamento e de outros, necessários ao desenvolvimento da infraestrutura de serviços tecnológicos no país; e

- Desenvolver, no âmbito do Sinmetro, programas de avaliação da conformidade, nas áreas de produtos, processos, serviços e pessoal, compulsórios ou voluntários, que envolvem a aprovação de regulamentos.

## Sistemas de unidades

Como visto no tópico anterior, a unidade é definida por comparação com um padrão, e um sistema de unidades representa um conjunto de unidades que têm por base as comparações com seus respectivos padrões.

É neste momento que a questão se torna complicada. Pois, embora um país adote um sistema de unidades, é muito comum a utilização de diferentes unidades para as grandezas, devido ao hábito, à existência de equipamentos criados em sistemas antigos ainda em uso ou a equipamentos importados de outros países que adotam sistema de unidades distinto do país de destino.

Para ilustrar a complexidade deste tipo de problema, a tabela 2 apresenta diferentes sistemas de unidades mais comuns e usados na indústria do petróleo, na área de engenharia de reservatório.

### TABELA 2 – VARIÁVEIS E PARÂMETROS EM DIVERSOS SISTEMAS DE UNIDADES

| VARIÁVEL OU PARÂMETRO | SI | DARCY | PETROBRAS | AMERICANO |
|---|---|---|---|---|
| Comprimento | m | cm | m | ft |
| Massa | Kg | g | Kg | lb |
| Temperatura absoluta | K | K | K | R |
| Tempo | s | s | h | h |
| Permeabilidade | $m^2$ | Darcy | md | md |
| Pressão | Pa | atm | $Kgf/cm^2$ | psi |
| Viscosidade | | cp | cp | cp |
| Vazão de óleo | $m^3/s$ | $cm^3/s$ | $10^3 \, m^3/d$ | bbl/d |
| Vazão de gás | $m^3/s$ | $cm^3/s$ | $m^3/d$ | $10^3 \, ft^3/d$ |
| Volume | $m^3$ | $cm^3$ | $m^3$ | bbl/d |
| Índice de produtividade | $m^3/s/Pa$ | $cm^3/s/Pa$ | $m^3/d/Kgf/cm^2$ | bbl/d/psi |

Fonte: ROSA, CARVALHO e XAVIER, 2006

A tabela 3 apresenta alguns sistemas de unidades fora do SI, como o CGS que é usado na teoria do eletromagnetismo, em aplicações da eletrodinâmica quântica e na teoria da relatividade (INMETRO, 2012).

Por força da indústria, os EUA e a Inglaterra usam o Sistema Inglês principalmente na engenharia (chamado sistema misto), apesar de existirem esforços no sentido destes países migrarem para o SI.

O MKK$^f$S é o sistema misto de engenharia, ainda em uso no Brasil de forma irregular. Em geral este sistema usa o *quilograma-força* (Kgf) e a equivalente unidade de pressão, $Kgf/cm^2$. Entretanto, estas unidades estão em desuso e devem ser substituídas por unidades equivalentes do SI (BRASIL, 2004).

Os exemplos dos sistemas acima foram citados para evidenciar a complexidade do problema que envolve o uso de sistemas de unidades. Entretanto, o estudante de engenharia deve se concentrar em se familiarizar com o Sistema Internacional de Unidades (SI), pois este é o que está em vigor atualmente.

### TABELA 3 – SISTEMAS DE UNIDADES COMUNS

| SISTEMAS | COMPRIMENTO | TEMPO | MASSA | FORÇA |
|---|---|---|---|---|
| ABSOLUTOS OU DINÂMICOS | | | | |
| SI | metro | segundo | quilograma | newton |
| CGS | centímetro | segundo | grama | dina |
| FPS | pé | segundo | libra | poundal |
| GRAVITACIONAIS OU TÉCNICOS | | | | |
| MK$^f$S | metro | segundo | utm | quilograma-força |
| FP$^f$S | pé | segundo | slug | libra-força |
| MISTOS OU DE ENGENHARIA | | | | |
| MKK$^f$S | metro | segundo | quilograma | quilograma-força |
| FPP$^f$S | pé | segundo | libra | libra-força |

Fonte: BRASIL, 2004

> **? CURIOSIDADE**
>
> Sistema Internacional
> Na 11ª Conferência Geral de Pesos e Medidas (CGPM), Resolução nº 12, foi adotado o nome Sistema Internacional de Unidade com a abreviação SI. **(INMETRO, 2012)**
>
> A Conferência Geral de Pesos e Medidas (CGPM) é composta por 51 países signatários e ainda 14 economias associadas, representadas por delegados designados por cada país-membro. **(INMETRO, 2014)**

### Sistema Internacional de Unidades (SI)

O **_Sistema Internacional_** (SI) denomina duas classes de unidades: as **unidades básicas** e as **unidades derivadas** que são produtos de potências da unidade de base, como já apresentado pelos exemplos 1 e 2 anteriores.

O sistema de unidades SI estabeleceu sete unidades básicas e independentes. A tabela 4 apresenta as sete unidades básicas, sua grandeza física correspondente e a descrição de como foram precisamente definidas.

A denominação das unidades básicas foi estabelecida de modo que constituíssem um conjunto coerente de unidades SI. Segundo a 8ª edição do manual do SI, a palavra "coerente" significa que, ao usar as unidades "coerentes", as relações entre as equações e os valores numéricos das grandezas correspondem exatamente a mesma forma com que se relacionam as equações e suas respectivas grandezas. Dessa maneira, ao serem utilizadas unidades coerentes do SI, não haverá necessidade de fatores de conversão entre unidades.

| TABELA 4 – DEFINIÇÃO DAS UNIDADES DE BASE DO SI | | | |
|---|---|---|---|
| GRANDEZA | NOME DA UNIDADE SINGULAR (PLURAL) | SÍMBOLO DA UNIDADE | OBSERVAÇÕES |
| comprimento | metro (metros) | m | O metro é o comprimento do trajeto percorrido pela luz no vácuo durante um intervalo de tempo de 1/299.792.458 de segundo (17ª CGPM, 1983). Essa definição tem o efeito de fixar a velocidade da luz no vácuo em 299.792.458 metros por segundo exatamente, $c_0$ = 299.792.458 m/s. |
| massa | kilograma ou quilograma (kilogramas ou quilogramas) | kg | O kilograma ou quilograma é a unidade de massa; ele é igual à massa do protótipo internacional do kilograma ou quilograma (3ª CGPM, 1901). |
| tempo | segundo (segundos) | s | O segundo é a duração de 9.192.631.770 períodos da radiação correspondente à transição entre os dois níveis hiperfinos do estado fundamental do átomo de césio 133 (13ª CGPM, 1967/68). |
| corrente elétrica | ampere (amperes) | A | O ampere é a intensidade de uma corrente elétrica constante que, se mantida em dois condutores paralelos, retilíneos, de comprimento infinito, de seção circular desprezível, e situados à distância de 1 metro entre si, no vácuo, produz entre estes condutores uma força igual a $2 \times 10^{-7}$ newton por metro de comprimento (9ª CGPM, 1948). |

| GRANDEZA | NOME DA UNIDADE SINGULAR (PLURAL) | SÍMBOLO DA UNIDADE | OBSERVAÇÕES |
|---|---|---|---|
| temperatura termodinâmica | kelvin (kelvins) | K | O kelvin, unidade de temperatura termodinâmica, é a fração 1/273,16 da temperatura termodinâmica do ponto triplo da água (13ª CGPM, 1967/68). |
| quantidade de substâncias | mol (mols) | mol | O mol é a quantidade de substância de um sistema que contém tantas entidades elementares quantos átomos existem em 0,012 kilograma de carbono 12. Quando se utiliza o mol, as entidades elementares devem ser especificadas, podendo ser átomos, moléculas, íons, elétrons, assim como outras partículas, ou agrupamentos especificados de tais partículas (14ª CGPM, 1971). |
| intensidade luminosa | candela (candelas) | cd | A candela é a intensidade luminosa, numa dada direção, de uma fonte que emite uma radiação monocromática de frequência $540 \times 10^{12}$ hertz e que tem uma intensidade radiante nessa direção de 1/683 watt por esferorradiano. (16ª CGPM, 1979). |

Fonte: INMETRO, 2012

Os prefixos das unidades derivadas do SI são os múltiplos e submúltiplos decimais das unidades de base e derivadas[3].

A tabela 5 apresenta as principais unidades derivadas do SI.

### CURIOSIDADE

Alguns nomes das unidades SI referem-se a físicos ilustres homenageados por suas descobertas no campo de atuação correspondente.

### NOTA

[3] Neste ponto é que a familiarização com os conceitos básicos é importante para que o aluno não perca tempo ou cometa erros nos problemas de engenharia.

| TABELA 5 – UNIDADES DERIVADAS DO SI ||||| 
|---|---|---|---|---|
| GRANDEZA DERIVADA | NOME | SÍMBOLO | EXPRESSÃO UTILIZANDO OUTRAS UNIDADES DO SI | EXPRESSÃO EM UNIDADES DE BASE DO SI |
| Ângulo plano | radiano | rad | 1 | m/m |
| Ângulo sólido | esferorradiano | sr | 1 | $m^2/m^2$ |
| Atividade catalítica | katal | kat | --- | mol/s |
| Atividade radioativa | becquerel | Bq | --- | 1/s |
| Capacitância | farad | F | C/V | $A^2 \cdot s^4/(kg \cdot m^2)$ |
| Carga elétrica | coulomb | C | --- | s.A |
| Condutância | siemens | S | A/V | $A^2 \cdot s^3/(kg \cdot m^2)$ |
| Dose absorvida | gray | Gy | J/kg | $m^2/s^2$ |
| Dose equivalente | sievert | Sv | J/kg | $m^2/s^2$ |
| Energia, trabalho | joule | J | N·m | $kg \cdot m^2/s^2$ |
| Fluxo luminoso | lúmen | lm | cd·sr | cd |
| Fluxo magnético | weber | Wb | V·s | $kg \cdot m^2/(s^2 \cdot A)$ |
| Força | newton | N | --- | $kg \cdot m/s^2$ |
| Frequência | hertz | Hz | --- | 1/s |
| Indutância | henry | H | Wb/A | $kg \cdot m^2/(s^2 \cdot A^2)$ |
| Densidade de fluxo magnético | tesla | T | $Wb/m^2$ | $kg/(s^2 \cdot A)$ |
| Iluminância | lux | lx | $lm/m^2$ | $cd/m^2$ |
| Potência | watt | W | J/s | $kg \cdot m^2/s^3$ |
| Pressão | pascal | Pa | $N/m^2$ | $kg/(m \cdot s^2)$ |
| Resistência elétrica | ohm | Ω | V/A | $kg \cdot m^2/(s^3 \cdot A^2)$ |
| Temperatura em Celsius | grau Celsius | °C | --- | K |
| Tensão elétrica | volt | V | W/A | $kg \cdot m^2/(s^3 \cdot A)$ |

Fonte : INMETRO, 2012

Quando o valor é muito alto ou muito baixo usam-se os prefixos do SI[4] que são nomes específicos para os múltiplos e submúltiplos decimais das unidades de base e derivadas.

A tabela 6 apresenta os prefixos do SI.

### NOTA

[4] Os prefixos do SI inicialmente foram adotados pela 11ª CGPM de 1960 e posteriormente modificados pelas 12ª CGPM (1964), 15ª CGPM (1979) e 19ª CGPM (1991).

### TABELA 6 – PREFIXOS SI

| $1000^M$ | $10^N$ | PREFIXO | SÍMBOLO | DESDE | ESCALA CURTA | ESCALA LONGA | EQUIVALENTE NUMÉRICO |
|---|---|---|---|---|---|---|---|
| $1000^8$ | $10^{24}$ | yotta | Y | 1991 | Septilhão | Quadrilião | 1 000 000 000 000 000 000 000 000 |
| $1000^7$ | $10^{21}$ | zetta | Z | 1991 | Sextilhão | Milhar de trilião | 1 000 000 000 000 000 000 000 |
| $1000^6$ | $10^{18}$ | exa | E | 1975 | Quintilhão | Trilião | 1 000 000 000 000 000 000 |
| $1000^5$ | $10^{15}$ | peta | P | 1975 | Quadrilhão | Milhar de bilião | 1 000 000 000 000 000 |
| $1000^4$ | $10^{12}$ | tera | T | 1960 | Trilhão | Bilião | 1 000 000 000 000 |
| $1000^3$ | $10^9$ | giga | G | 1960 | Bilhão | Milhar de milhão | 1 000 000 000 |
| $1000^2$ | $10^6$ | mega | M | 1960 | Milhão | Milhão | 1 000 000 |
| $1000^1$ | $10^3$ | quilo | k | 1795 | Mil | Milhar | 1 000 |
| $1000^{2/3}$ | $10^2$ | hecto | h | 1795 | Cem | Centena | 100 |
| $1000^{1/3}$ | $10^1$ | deca | da | 1795 | Dez | Dezena | 10 |
| $1000^0$ | $10^0$ | nenhum | nenhum | | Unidade | Unidade | 1 |
| $1000^{-1/3}$ | $10^{-1}$ | deci | d | 1795 | Décimo | Décimo | 0,1 |
| $1000^{-2/3}$ | $10^{-2}$ | centi | c | 1795 | Centésimo | Centésimo | 0,01 |
| $1000^{-1}$ | $10^{-3}$ | mili | m | 1795 | Milésimo | Milésimo | 0,001 |
| $1000^{-2}$ | $10^{-6}$ | micro | µ | 1960 | Milionésimo | Milionésimo | 0,000 001 |
| $1000^{-3}$ | $10^{-9}$ | nano | n | 1960 | Bilionésimo | Milésimo de milionésimo | 0,000 000 001 |
| $1000^{-4}$ | $10^{-12}$ | pico | p | 1960 | Trilionésimo | Bilionésimo | 0,000 000 000 001 |
| $1000^{-5}$ | $10^{-15}$ | femto | f | 1964 | Quadrilionésimo | Milésimo de bilionésimo | 0,000 000 000 000 001 |
| $1000^{-6}$ | $10^{-18}$ | atto | a | 1964 | Quintilionésimo | Trilionésimo | 0,000 000 000 000 000 001 |
| $1000^{-7}$ | $10^{-21}$ | zepto | z | 1991 | Sextilionésimo | Milésimo de trilionésimo | 0,000 000 000 000 000 000 001 |
| $1000^{-8}$ | $10^{-24}$ | yocto | y | 1991 | Septilionésimo | Quadrilionésimo | 0,000 000 000 000 000 000 000 001 |

Fonte: INMETRO, 2012

## Considerações adicionais sobre sistemas de unidades

Não raro o estudante de engenharia e o profissional de engenharia encontram unidades usuais para certas grandezas que não fazem parte do SI, mas que foram consideradas aceitas para uso em conjunto com o SI. Dentre estas unidades, temos aquelas que são aceitas para uso sem restrição de prazo e outras aceitas com restrição de prazo. As tabelas 7 e 8 mostram, respectivamente, estas exceções aceitas pelo sistema de unidade SI segundo a 8ª edição do manual do SI em vigor (INMETRO, 2012).

### TABELA 7 - UNIDADES FORA DO SISTEMA SI, ADMITIDAS TEMPORARIAMENTE

| GRANDEZA | UNIDADE | SÍMBOLO | RELAÇÃO COM O SI |
|---|---|---|---|
| Comprimento | milha marítima | — | 1 milha marítima = 1.852 m |
| Velocidade | nó | — | 1 nó = 1 milha marítima por hora = 1.852/3.600 m/s |
| Área | are | a | 1 a = 100 $m^2$ |
| Área | hectare | ha | 1 ha = 10.000 $m^2$ |
| Área | acre | — | 40,47 a |
| Área | barn | b | 1 b = $10^{-28}$ $m^2$ |
| Comprimento | ångström | Å | 1 Å = $10^{-10}$ m |
| Pressão | bar | bar | 1 bar = 100.000 Pa |

Fonte: INMETRO, 2012

### TABELA 8 - UNIDADES FORA DO SISTEMA SI, ADMITIDAS PELO SI

| GRANDEZA | UNIDADE | SÍMBOLO | RELAÇÃO COM O SI |
|---|---|---|---|
| Tempo | minuto | min | 1 min = 60 s |
| Tempo | hora | h | 1 h = 60 min = 3.600 s |
| Tempo | dia | d | 1 d = 24 h = 86.400 s |

| GRANDEZA | UNIDADE | SÍMBOLO | RELAÇÃO COM O SI |
|---|---|---|---|
| Ângulo plano | grau | ° | 1° = π/180 rad |
| Ângulo plano | minuto | ' | 1' = (1/60)° = π/10.800 rad |
| Ângulo plano | segundo | " | 1" = (1/60)' = π/648.000 rad |
| Volume | litro | l ou L | 1 l = 0,001 m³ |
| Massa | unidade de massa atômica | u | 1 u = 1,660 538 782(83) × 10⁻²⁷ kg |
| Massa | tonelada | t | 1 t = 1.000 kg |
| Argumento logarítmico ou Ângulo hiperbólico | neper | Np | 1 Np = 1 |
| Argumento logarítmico ou Ângulo hiperbólico | bel | B | 1 B = 1 |
| Energia | elétron-volt | eV | 1 eV = 1,602 176 487(40) × 10⁻¹⁹ J |
| Comprimento | Unidade astronômica | ua | 1 ua = 1,495 978 706 91(30) × 10¹¹ m |

Fonte: INMETRO, 2012

## Regras gerais para grafias, símbolos e apresentação

O profissional da engenharia deve estar atento às recomendações contidas no Quadro Geral de Unidades de Medidas anexado à resolução do Conselho Nacional de Metrologia, Normalização e Qualidade Industrial (Conmetro) de 12/10/1988. A seguir, são destacadas as principais normas vigentes estabelecidas na 8ª edição das normas do SI (INMETRO, 2012). As regras abaixo não esgotam o assunto, sendo recomendável que o aluno estude toda a norma.

## Grafia dos símbolos de unidades

A grafia dos símbolos de unidades obedece às seguintes regras básicas:

a) os símbolos são invariáveis, não sendo admitido colocar, após o símbolo, seja ponto de abreviatura, seja "s" de plural, sejam sinais, letras ou índices. Por exemplo, o símbolo do watt é sempre W, qualquer que seja o tipo de potência a que se refira: mecânica, elétrica, térmica, acústica etc.;

b) os prefixos SI nunca são justapostos no mesmo símbolo. Por exemplo, unidades com GWh, nm pF etc. não devem ser substituídas por expressões em que se justaponham, respectivamente, os prefixos mega e quilo, mili e micro, micro e micro etc.;

c) os prefixos SI podem coexistir num símbolo composto por multiplicação ou divisão. Por exemplo, kN.cm, KΩ mA, kV/mm, MΩ cm, kV/μs, μW/cm$^2$ etc.;

d) os símbolos de uma mesma unidade podem coexistir num símbolo composto por divisão. Por exemplo, Ω mm$^2$/m, kWh/h etc.;

e) o símbolo é escrito no mesmo alinhamento do número a que se refere, e não como expoente ou índice. São exceções, os símbolos das unidades não SI de ângulo plano (° ´ "), os expoentes dos símbolos que têm expoente, o sinal ° do símbolo do grau Celsius e os símbolos que têm divisão indicada por traço de fração horizontal;

f) o símbolo de uma unidade composta por multiplicação pode ser formado pela justaposição dos símbolos componentes de modo que não cause ambiguidade (VA, kWh etc.), ou mediante a colocação de um ponto entre os símbolos componentes na base da linha ou a meia altura (N.m ou N·m, m.s$^{-1}$ ou m·s$^{-1}$ etc.);

g) o símbolo de uma unidade que contém divisão pode ser formado por uma qualquer das três maneiras exemplificadas a seguir:

$$W/sr.m^2, \quad W.sr^{-1}.m^{-2} \quad \frac{W}{sr.m^2}$$

não devendo ser empregada esta última forma quando o símbolo, escrito em duas linhas diferentes, puder causar confusão.

Quando um símbolo com prefixo tem expoente, deve-se entender que esse expoente afeta o conjunto prefixo-unidade, como se esse conjunto estivesse entre parênteses. Por exemplo:

dm$^3$ = 10$^{-3}$ m$^3$

mm$^3$ = 10$^{-9}$ m$^3$

Fonte: INMETRO

## Grafia dos números

As prescrições desta seção não se aplicam aos números que não representam quantidades (por exemplo, numeração de elementos em sequência, códigos de identificação, datas, números de telefones etc.).

Para separar a parte inteira da parte decimal de um número, é empregada sempre uma vírgula; quando o valor absoluto do número é menor que 1, coloca-se 0 à esquerda da vírgula.

Os números que representam quantias em dinheiro, ou quantidades de mercadorias, bens ou serviços em documentos para efeitos fiscais, jurídicos e/ou comerciais, devem ser escritos com os algarismos separados em grupos de três, a contar da vírgula para a esquerda e para direita, com pontos separando esses grupos entre si.

Nos demais casos é recomendado que os algarismos da parte inteira e os da parte decimal dos números sejam separados em grupos de três, a contar da vírgula para a esquerda e para a direita, com pequenos espaços entre esses grupos (por exemplo, em trabalhos de caráter técnico ou científico), mas é também admitido que os algarismos da parte inteira e os da parte decimal sejam escritos seguidamente (isto é, sem separação em grupos).

Para exprimir números sem escrever ou pronunciar todos os seus algarismos:

a) para os números que representam quantias em dinheiro, ou quantidades de mercadorias, bens ou serviços, são empregadas de uma maneira geral as palavras:

| mil | = | $10^3$ | = | 1.000 |
| milhão | = | $10^6$ | = | 1.000.000 |
| bilhão | = | $10^9$ | = | 1.000.000.000 |
| trilhão | = | $10^{12}$ | = | 1.000.000.000.000 |

podendo ser opcionalmente empregados os prefixos SI ou os fatores decimais do quadro acima, em casos especiais (por exemplo, em cabeçalhos de tabelas);

b) para trabalhos de caráter técnico ou científico, é recomendado o emprego dos prefixos SI ou fatores decimais do quadro.

Espaçamentos entre número e símbolo

O espaçamento entre um número e o símbolo da unidade correspondente deve atender à conveniência de cada caso. Assim, por exemplo:

a) em frases de textos correntes, é dado normalmente o espaçamento correspondente a uma ou a meia letra, mas não se deve dar espaçamento quando há possibilidade de fraude;

b) em colunas de tabelas, é facultado utilizar espaçamentos diversos entre os números e os símbolos das unidades correspondentes. (Resolução nº 12, Conmetro)

## Relação entre o SI e outros sistemas

Se todos no mundo adotassem o SI como sistema de unidades, muito trabalho de conversão seria poupado aos profissionais de engenharia. Entretanto, como foi visto, existe uma gama enorme de unidades pertencentes a outros sistemas que ainda estão em uso, havendo a necessidade da conversão de unidades entre sistemas. Como este livro é uma introdução à engenharia, não seria produtivo reproduzir todas as conversões para outros sistemas, pois as conversões estão intrinsecamente ligadas ao campo de atuação da engenharia. Assim, cabe ao aluno pesquisar quais são os sistemas mais comuns na área de atuação da engenharia desejada e se familiarizar com eles.

A seguir, apresenta-se uma tabela que ilustra a conversão de unidades mais comuns utilizadas na engenharia.

### TABELA 9 – CONVERSÕES DE UNIDADES

| COMPRIMENTO | | | MASSA | | |
|---|---|---|---|---|---|
| UNIDADE | SI | MULTIPLICAR POR | UNIDADE | SI | MULTIPLICAR POR |
| n (nano) | .m | $10^{-9}$ | .g | kg | 0,001 |
| µ (micro) | .m | $10^{-6}$ | ton | kg | 1.000 |
| dm | .m | 0,1 | lbm | kg | 0,45359237 |
| cm | .m | 0,01 | Slug | kg | 14,594 |
| .mm | .m | 0,001 | oz (onça) avoirdupois | kg | $28,35 \cdot 10^{-3}$ |
| km | .m | 1.000 | grão | kg | $6,48 \cdot 10^{-6}$ |
| ft | .m | 0,3048 | tonelada (inglesa) | kg | 1.016 |
| in | .m | 0,0254 | Utm | kg | 9,80665 |
| yd (jarda) | .m | 0,9144 | arroba | kg | 14,688 |

| ÁREA | | | VOLUME | | |
|---|---|---|---|---|---|
| UNIDADE | SI | MULTIPLICAR POR | UNIDADE | SI | MULTIPLICAR POR |
| are | $.m^2$ | $4{,}047.10^3$ | barril (petróleo) | $m^3$ | 0,159 |
| acre | $.m^2$ | 100 | $cm^3$ | $m^3$ | $10^{-6}$ |
| hectare | $.m^2$ | 10.000 | gal (galão americano) | $m^3$ | $3{,}785.10^{-3}$ |
| $km^2$ | $.m^2$ | $10^6$ | gal (galão imperial) | $m^3$ | $4{,}545963.10^{-3}$ |
| pé² (ft²) | $.m^2$ | 0,06451 | litro (L) | $m^3$ | $10^{-3}$ |
| polegada quadrada (in²) | $.m^2$ | 9,290304 | pé cúbico (ft³) | $m^3$ | 0,028317 |
| | | | polegada cúbica (in³) | $m^3$ | 0,00001639 |
| FORÇA | | | PRESSÃO | | |
| UNIDADE | SI | MULTIPLICAR POR | UNIDADE | SI | MULTIPLICAR POR |
| dina | N | $10^{-5}$ | atmosfera (atm) | Pa | $1{,}01325.10^5$ |
| kgf | N | 9,8 | bar | Pa | $10^5$ |
| libra força (lbf) | N | 4,45 | barie | Pa | 0,1 |
| poundals | N | 0,13825 | mm Hg | Pa | 133,322 |
| | | | mca (metro de coluna de água) | Pa | 9,80665 |
| | | | milibar | Pa | 102 |
| | | | lbf/ft² | Pa | |
| | | | lbf/in² | Pa | |

| VISCOSIDADE | | | CONDUTIVIDADE TÉRMICA | | |
|---|---|---|---|---|---|
| UNIDADE | SI | MULTIPLICAR POR | UNIDADE | SI | MULTIPLICAR POR |
| centipoise (cp) | kg/(m.s) | $10^{-3}$ | cal/(cm².s.°C/cm) | W/(m².K/m) | 418 |
| poise (P) | kg/(m.s) | 0,1 | BTU/(ft².h.°F/ft) | W/(m².K/m) | 1,73073 |
| $lb_m$/(ft.h) | kg/(m.s) | 2,1491 | kcal/(m².h.°C/m) | W/(m².K/m) | $1,5048.10^5$ |
| $lb_m$/(ft.s) | kg/(m.s) | $6,7197.10^{-4}$ | | | |
| kg/(h.m) | kg/(m.s) | 0,0036 | | | |

| DENSIDADE | | | VAZÃO | | |
|---|---|---|---|---|---|
| UNIDADE | SI | MULTIPLICAR POR | UNIDADE | SI | MULTIPLICAR POR |
| g/l | .kg/m³ | 1 | L/h | m³/s | $2,778.10^{-7}$ |
| .kg/l | .kg/m³ | 1.000 | ft³/h | m³/s | $2,16.10^{-6}$ |
| .g/cm³ | .kg/m³ | 1.000 | gal/min (gpm) | m³/s | $6,308.10^{-5}$ |
| .lbm/ft³ | .kg/m³ | 16,018 | | | |
| .lbm/in³ | .kg/m³ | $2,768.10^4$ | | | |

## 3.4 O engenheiro, o técnico e o tecnólogo

Uma forma de compreender o papel do engenheiro, do técnico e do tecnólogo é observando a relação que cada um possui com a tecnologia. O engenheiro é aquele que usa o seu conhecimento para transformar uma determinada ciência, como física e química, em um produto ou serviço que proporcione uma melhora no bem-estar do ser humano. Ele atua na solução de problemas práticos, projetos de ferramentas e equipamentos, e na administração de sistemas e processos de modo racional e eficiente. O desenvolvimento dessa capacidade só é possível graças à base científica que os engenheiros adquirem por meio de estudos em nível avançado.

O técnico, em uma definição livre, é aquele que domina um determinado conjunto de habilidades e/ou conhecimentos úteis a uma tarefa específica. Neste contexto mais amplo, o próprio engenheiro poderia ser qualificado como um técnico. Entretanto, quando se considera o exercício da profissão ligada à atividade tecnológica, compete ao técnico o trabalho operacional. Normalmente, é nesse estágio de atuação que o contato com os operários, com as ferramentas e com os equipamentos é mais próximo.

O tecnólogo, por sua vez, é um profissional que surgiu a partir da Lei nº 3552 de 1959[5] do Ministério da Educação e Cultura, que dispõe sobre a organização escolar e administrativa dos estabelecimentos de ensino industrial. A introdução da figura do tecnólogo pode ser vista como uma forma de ampliar a base teórica do técnico. Segundo esta perspectiva, este tipo de profissional poderia ser classificado como um "pós-técnico". Em tese, é o responsável pela ligação entre o técnico e o engenheiro, embora na área da engenharia os limites de atuação do tecnólogo não tenham ficado bem definidos, ao contrário do que ocorreu em outras áreas (ZAKON, NASCIMENTO e SZANJBERG, 2003).

## As diferenças entre engenheiro, tecnólogo e técnico

A diferença entre o técnico, o tecnólogo e o engenheiro se inicia na formação. Os cursos que formam os técnicos são de nível médio. Já os de tecnólogo possuem uma base teórica maior em relação ao nível técnico, mas inferior ao do engenheiro, proporcionando certa hierarquização na atuação profissional.

Para a formação de um engenheiro pleno, o curso de nível superior deve ser completo. O tempo de formação é maior[6] e a base teórica, mais ampla. Assim, pretende-se capacitar profissionais que possam refletir de forma mais profunda sobre os problemas que irão enfrentar no âmbito da sua área de atuação. Essa capacitação deve ser suficiente para desenvolver um senso crítico não só sobre a ciência e a técnica, mas também sobre sua aplicação.

### NOTAS

[5] MEC, 1959. Disponível em: http://www.planalto.gov.br/ccivil_03/leis/L3552.htm – Acesso em: dez/2014.

[6] Normalmente os cursos de engenharia no Brasil tem a duração de cinco anos.

> **NOTA**
>
> [7] A lei do petróleo (Lei nº 9.478/1997) obriga as empresas de exploração a investir em P&D, determinando que as concessionárias do setor apliquem o equivalente a 1% da receita de cada campo produtor em projetos tecnológicos. Deste total, metade deve ser investida em convênios com instituições de pesquisa. O resultado dessa política é que o investimento em pesquisa deve superar R$ 1,4 bilhão em 2014 e, com o crescimento da produção, aproximadamente R$ 4 bilhões em 2020 disponíveis para P&D. O PRH – Programa de Recursos Humanos da ANP credencia instituições de ensino e paga bolsa para estudantes e professores no desenvolvimento de trabalhos de pesquisa no âmbito da lei do petróleo. (ANP, 2014)

Existe o mito de que todo engenheiro deve ser também um técnico, no sentido operacional. Em alguns casos, dominar habilidades técnicas pode até conferir certa vantagem. Porém, no atual contexto em que prevalece o lado científico da profissão, a ênfase neste aspecto da formação não é mandatória. A formação do engenheiro deve ter como objetivo desenvolver a capacidade de vencer desafios tecnológicos no âmbito profissional através da liderança e do uso do raciocínio como principais ferramentas.

Impulsionada pela criação dos diversos programas de transferência de tecnologia – como o intercâmbio internacional entre universidades, o incentivo a pesquisa e desenvolvimento[7] (P&D) – e também pelas obrigações de maior percentual de conteúdo nacional impostas pelo governo sobre a produção industrial brasileira, tem-se a esperança de que a engenharia no Brasil se torne mais científica e pautada pela inovação. Resta saber se a perspectiva de expansão da indústria de petróleo nacional se confirmará e se as estratégias de estímulo à inovação darão resultados. Caso este cenário se confirme, a atuação do engenheiro tenderá a se distanciar mais dos perfis do técnico e do tecnólogo, aos quais caberá ainda a maior parte das atividades operacionais.

O perfil da engenharia no Brasil iniciou essa transformação a partir dos anos 1960, motivando mudanças nos currículos e reduzindo as características operacionais dos cursos de engenharia. Contudo, segundo Zakon, Nascimento e Szanjberg (2003), isso teria levado, aparentemente, a uma desmotivação por parte dos alunos que ingressavam nas universidades. Esse fato levou as instituições a repensarem os cursos de engenharia, inserindo mais matérias com características de cunho profissional, reduzindo a carga científica relativa.

É preciso reconhecer que a engenharia é uma profissão científica e, como tal, atua na fronteira entre a prática e a ciência. Se, por um lado, a busca metódica e sistemática por conhecimento permite aprimorar a prática, por outro, a prática lúcida alimenta o conhecimento científico. Diferentes personalidades tendem a ser atraídas para um lado ou para outro, fazendo com que cada indivíduo decida o tipo de carreira a seguir – mais técnica e operacional, ou mais científica e gerencial. Entretanto, uma sociedade não pode abrir mão de investir na formação de profissionais com forte embasamento científico. Seja por questões de competência, oportunidade ou temperamento, poucos se dispõem a enfrentar as dificuldades e desafios intelectuais desta empreitada. Ainda assim, a presença de uma "elite científica", capaz de racionalizar, planejar e inovar, é fundamental para o desenvolvimento tecnológico e econômico do país.

## 3.5 Questões para reflexão

| | |
|---|---|
| 1 | Destaque as três principais linhas (tipos) da engenharia e suas diferenças. |
| 2 | Quais as diferenças entre grandeza, dimensão e unidade? |
| 3 | Enumere dois sistemas fora do SI que ainda estão em uso. |
| 4 | Enumera três unidades que são aceitas pelo SI, mas não fazem parte dele. |
| 5 | Como atuam os engenheiros, tecnólogos e técnicos no ramo da engenharia? |

## REFERÊNCIAS BIBLIOGRÁFICAS

BRASIL, N. Í. *Introdução à engenharia química*. 2ª ed. Rio de Janeiro: Interciência, 2004.

CYTRYNOWICZ, R. O engenheiro do século XXI. *Revista Politécnica*, USP, s/d.

INMETRO. *Sistema Internacional de Unidades: SI*. Duque de Caxias, RJ, 2012, p. 94.

ROSA, A. J.; CARVALHO, R. D. S.; XAVIER, J. A. D. *Engenharia de reservatórios de petróleo*. Rio de Janeiro: Interciências, 2006.

ZAKON, A.; NASCIMENTO, J. L.; SZANJBERG, M. *As funções dos cientistas, engenheiros, técnicos e tecnólogos*. COBENGE 2003. Rio de Janeiro: ABENGE. 2003. p. 14.

### Referências eletrônicas

ANP. www.anp.gov.br, 2014. Disponivel em: http://www.anp.gov.br/?id=594.

INMETRO. www.inmetro.gov.br/, 2014. Disponivel em: http://www.inmetro.gov.br/inmetro/oque.asp.

# 4 Competências fundamentais

MARCIA AGOSTINHO
DIRCEU AMORELLI
SIMONE RAMALHO

# Competências fundamentais

## 4.1 Competências comunicacionais

A habilidade de se comunicar – juntamente com o conhecimento técnico e a experiência – é um talento muito valorizado pelas organizações atualmente. Seja funcionário de uma organização, empresário ou trabalhador autônomo, é importante aperfeiçoar e desenvolver a habilidade de fazer uma boa exposição de suas ideias e de aprimorar sua competência argumentativa.

Vivemos em um contexto que alguns denominam de "era da informação", tamanha é a rapidez com que as informações fluem. A geração de conteúdo de conhecimento, estimulando o surgimento de ideias novas de maneira assustadoramente veloz, leva outros a chamarem-na de "era do conhecimento". Em um mundo como este, onde informação e conhecimento são, mais do que nunca, bens preciosos, a comunicação se apresenta como um importante instrumento de geração e de troca destas riquezas.

Para obter o êxito com que tanto sonha, e para o qual se esforça ao longo de um árduo processo de formação profissional, o engenheiro não pode ignorar as habilidades necessárias para alcançar as competências na área da comunicação. O engenheiro, além de técnico, é um mediador. E, como tal, ele negocia o tempo todo com o próprio grupo de trabalho ou outros profissionais. Muitas das pessoas com quem interage representam órgãos públicos que detêm a autoridade para emitir ou cancelar licenças de toda natureza (embargos de obras, ambientais, sanitários etc.). Outras representam clientes, consumidores ou cidadãos comuns, os quais nem sempre compartilham os conhecimentos e, principalmente, a linguagem dos engenheiros. Cabe ao engenheiro, então, estar preparado para se comunicar eficazmente com uma grande variedade de interlocutores. Vale ressaltar que o desempenho do profissional será medido, em grande medida, por sua capacidade de lidar com todas essas variáveis e alcançar os objetivos pretendidos. Seu desempenho será o indicador de quanto suas competências comunicacionais foram desenvolvidas adequadamente.

Hoje, o acesso a informações tornou-se mais fácil. Contudo, acesso apenas não é o suficiente. Além de acessá-las, interpretá-las e agir, cabe ao engenheiro comunicar suas ações ou planos. Saber se colocar claramente perante seus interlocutores é de suma importância, haja vista as múltiplas atividades exercidas cotidianamente diante de colegas de equipe, gerentes, clientes e comunidade. Para que isso não seja um entrave nos primeiros anos de atividade profissional, o estudante deve se concentrar no desenvolvimento dessas habilidades com afinco. Como? Praticando! Somos uma espécie que venceu a luta da sobrevivência, apesar da nossa condição física tão frágil, principalmente devido a uma característica singular que até hoje só nossa espécie conseguiu desenvolver – a linguagem verbal, através da expressão falada ou escrita.

De acordo com as teorias de comunicação, só existe comunicação se o receptor consegue compreender a mensagem. Portanto, nosso sucesso na profissão está claramente ligado à nossa capacidade de difundir informações, conhecimentos e decisões com objetividade, clareza e eficácia. Poucos de nós têm ciência do enorme alcance da palavra. Raramente refletimos sobre o que, e como, estamos falando, tanto na vida pessoal como profissional.

A comunicação eficaz passa, em primeiro lugar, pela identificação do interlocutor. Cada ramo do conhecimento, ou cada área de atividade, costuma ter sua própria linguagem – que chamamos de "jargão". O linguajar técnico é extremamente útil entre pessoas que já compartilham um mesmo conhecimento prévio, acelerando o processo de comunicação e permitindo a troca de informações com grande precisão. Entretanto, falar de alguns assuntos utilizando um vocabulário de uso específico de uma classe tende a criar um distanciamento entre os detentores do saber e o público não especializado. Distanciar é justamente o que se quer evitar quando se comunica. A palavra "comunicar" possui o mesmo étimo de "comungar". Ambas têm origem na palavra latina *communicare* e, portanto, trazem em si a ideia de ligar-se, colocar-se em contato, tornar comum. Logo, a comunicação pretende a aproximação.

As atividades de engenharia, por trazerem em si uma grande carga científica, tendem a permanecer um pouco mais distantes da realidade dos cidadãos em geral do que as atividades de outras profissões. Ainda assim, o contato e as interações com não engenheiros fazem parte da rotina da profissão e influenciam fortemente o desempenho dos engenheiros. Seja no projeto de um produto de consumo, na operação de um processo produtivo ou na construção de uma edificação, o trabalho do engenheiro não pode estar isolado da sociedade. Por esta razão, é fundamental que este profissional saiba como se comunicar com cada ator com quem venha a se relacionar, ajustando a linguagem para viabilizar a aproximação e a troca de pontos de vista.

Ajustar a linguagem significa, antes de mais nada, reconhecer o interlocutor no que diz respeito tanto a seu nível de conhecimento sobre o assunto quanto à relação que ele tem com a situação. Mesmo que ele não seja capaz de compreender o significado dos conceitos que o engenheiro usa para explicar como ou por que um determinado fenômeno ocorre, certamente ele conseguirá entender como poderá ser afetado pela situação em questão. Mais do que tentar simplificar conceitos ou dar explicações simplórias, cabe ao engenheiro aproximar-se do cotidiano de seu interlocutor, apresentando a situação-problema e as implicações dos possíveis cursos de ação. Nada melhor para se aproximar e se fazer claro do que trazer o assunto para a esfera do cotidiano.

O engenheiro deve reservar a utilização de termos técnicos para os momentos em que houver necessidade – normalmente quando se comunica com outros engenheiros ou indivíduos que dominem a referida linguagem. Há situações, contudo, em que surgem termos técnicos ou conceitos específicos que não são compartilhados inclusive por membros de um mesmo grupo profissional. Nestes casos, é recomendável que se tome a iniciativa de explicar o significado quando perceber que não foi compreendido ou de perguntar quando não entender.

O mais importante, porém, é que toda a comunicação – seja entre técnicos, seja com leigos – esteja baseada em premissas confiáveis. A clareza e a objetividade de colocações construídas sobre fatos e dados caracterizam a comunicação de engenheiros competentes.

## Elaboração de relatório técnico ou texto científico

Embora as estruturas cognitivas ligadas às ciências exatas estejam relacionadas a modos de raciocínio que se interconectam na busca de objetivos, não podemos privilegiar o aspecto puramente lógico em detrimento das habilidades textuais. O fato de encontrarmos obras de engenheiros brilhantes em suas áreas de conhecimento específico, mas com textos muito técnicos e pouco interessantes, não deve servir como consolo para os novos engenheiros. Se estes pretendem ser bem-sucedidos nas novas condições do mercado de trabalho, é preciso que busquem se adaptar às demandas por competência lógica e comunicacional. Se antes bastava ser bom em matemática, agora, e cada vez mais, é preciso ser bom em português também.

O relatório técnico é um produto no qual as duas competências se encontram. Um relatório técnico, como o nome indica, é um relato sobre atividades técnicas executadas. Ele se presta tanto à documentação quanto à comunicação de experiências realizadas e resultados obtidos, contribuindo assim para a geração de conhecimento. Também pode ser utilizado para construção de argumentos para a tomada de decisão, legitimando a escolha de certas alternativas de ação.

Como qualquer bom relato, um relatório técnico deve conter informações sobre *O QUE, QUEM, ONDE, QUANDO, POR QUE e COMO* determinada atividade foi realizada, bem como os *RESULTADOS e CONCLUSÕES* obtidos. Essas são as questões que dão origem aos principais elementos da estrutura de um relatório técnico – e mesmo de uma monografia ou artigo científico.

## Estrutura do texto

### TÍTULO

O título deve identificar o trabalho da forma mais completa e, ao mesmo tempo, sintética possível. É importante que o título contenha palavras-chave que facilitem a busca por pesquisadores no futuro. O título indica *O QUE* é o trabalho.

### AUTOR

Logo após o título, é preciso identificar a autoria do relatório ou texto. Isto é, *QUEM* participou de sua realização.

### LOCAL E DATA

Além do título e da autoria, a identificação de um relatório ou texto científico é completada com informações sobre *ONDE* e *QUANDO* foi realizado.

### RESUMO

Embora pequeno, o resumo – que não deve ultrapassar um parágrafo – é uma importante parte de um relatório técnico ou texto científico. Ele permite que se tenha, em poucas palavras, uma visão geral do trabalho realizado. Para isso, o resumo deve apresentar, de forma bastante sucinta, objetiva e clara, a contextualização do problema, os objetivos do trabalho, a justificativa, a metodologia empregada e os resultados alcançados.

## INTRODUÇÃO

Na introdução, o assunto do trabalho é apresentado em seu contexto mais amplo. Geralmente, apresenta-se a evolução da situação-problema, destacando-se eventos passados a ela relacionados, bem como as implicações futuras. Devem ser destacadas as perguntas de pesquisa que orientaram a investigação ou o experimento realizados. Na introdução estão presentes dois subitens: *objetivo* e *justificativa*.

### Objetivo

No objetivo, é explicitado *O QUE*, de fato, se pretende com o trabalho realizado. Geralmente, o texto do objetivo é redigido de forma bastante direta, iniciando-se com um verbo no infinitivo. Por exemplo, "o presente estudo pretende *verificar* os efeitos da substituição da peça X pela Y na eficiência da máquina Z".

### Justificativa

Na justificativa, são apresentados os argumentos em defesa da importância da realização do trabalho em questão. A principal pergunta a ser respondida aí é "*POR QUE* investir no estudo e solução deste problema?". *POR QUE* vale a pena ir em frente com o objetivo proposto? Costuma-se justificar um trabalho em função dos *benefícios* que seus resultados podem trazer ou das *ameaças* que podem ser evitadas.

## METODOLOGIA

A metodologia descreve o caminho percorrido pelo autor para a realização do objetivo proposto. Assim, deve ser relatado, passo a passo, o procedimento de coleta de dados e análise de resultados, com a descrição detalhada dos instrumentos utilizados. A metodologia tem duas importantes funções: uma é orientar a realização do trabalho, para que seja conduzido de maneira racional; a outra é dar credibilidade aos resultados, mostrando que foram obtidos e interpretados de forma metódica e racional. Esta é a parte do relatório técnico ou texto científico onde é apresentado *COMO* o trabalho foi realizado.

## REFERENCIAL TEÓRICO

Esta é a parte em que são apresentadas as teorias e trabalhos anteriores que serviram de base para a realização do trabalho em questão. Para isso, deve ser feita uma revisão bibliográfica dos conceitos-chave utilizados e das abordagens alternativas aplicadas a problemas semelhantes. Devem ser privilegiados artigos publicados em revistas científicas, dissertações de mestrado, teses de doutorado e livros especializados. A importância de um referencial teórico criterioso está no fato de que ele garante ao autor um conhecimento do que fora previamente desenvolvido sobre o tema, evitando que se repitam erros ou se dediquem esforços a soluções já encontradas.

### DESENVOLVIMENTO

O desenvolvimento é a maior parte do relatório técnico ou texto científico e pode ser constituído de vários tópicos ou capítulos, a depender da complexidade do trabalho. É aí que se relata a execução de todas as ações planejadas conforme indicado na metodologia. É descrita detalhadamente cada etapa executada para o levantamento de dados e modelagem da situação, bem como os resultados obtidos nas análises.

### INTERPRETAÇÃO DE RESULTADOS

Uma vez de posse de uma massa relevante de informações, é chegada a hora de dar-lhe sentido. Tomando por base os conhecimentos provenientes do referencial teórico escolhido, os resultados tabulados e organizados são interpretados de forma a se encontrar a solução para o problema de pesquisa, alcançando-se o objetivo proposto no início do trabalho.

### CONCLUSÕES

Um bom relatório técnico ou texto científico termina retomando-se a situação inicial, cujo cenário desfavorável justificava a concentração de esforços na realização do trabalho. É fundamental que seja mostrado como as ações e investigações desenvolvidas permitiram alcançar o objetivo proposto inicialmente. Mais ainda, cabe apresentar as conclusões a que se chegou, indicando o quanto se avançou no assunto tratado e quais os desafios que permanecem para trabalhos futuros.

### BIBLIOGRAFIA

A bibliografia é a relação de toda a literatura consultada que serviu de referencial para o trabalho. É apresentada como uma lista organizada em ordem alfabética por sobrenome de autor, na qual devem constar também o título da obra, o local, a editora e o ano de publicação.

> **CONCEITO**
>
> Modelos
>
> Modelo é um "recorte" da realidade criado para representar um fenômeno ou uma situação-problema e, assim, facilitar sua compreensão e auxiliar no desenvolvimento de soluções.

Por mais engenhosa que uma pessoa seja, dificilmente ela conseguirá realizar seu potencial agindo sozinha. As grandes realizações da humanidade, apesar da possível contribuição de algumas mentes geniais, foram todas fruto do trabalho cooperativo. A coordenação necessária para o sucesso de iniciativas cooperativas depende fortemente da existência de comunicação efetiva entre as diversas partes. O domínio da comunicação, seja ela falada ou escrita, é algo que se obtém com a prática. Daí a importância da abordagem deste assunto em um livro introdutório. Espera-se que o estudante – e futuro engenheiro – aproveite todo seu período de formação para exercitar os conhecimentos, habilidades e atitudes que o farão competente em comunicar sua arte, seu talento, e assim atrair colaboradores com quem possa alavancar grandes realizações.

## 4.2 Modelagem e solução de problemas

*"O édito, cartesiano primeiro, positivista depois, que separava o conhecimento em fundamental e em aplicado pode, finalmente, ser revogado: a tecnologia deixou de ser necessariamente um discurso sobre as aplicações de uma ciência construída noutro lugar, de um saber que não é um fazer. [...] as ciências da engenharia são ciências da concepção; conceber é procurar o que não existe e, não obstante, encontrá-lo; é refletir sobre as nossas práticas; é transformar praxis em poïese."*

Jean-Louis Le Moigne, 1995, p. 282.

### Concebendo modelos

A modelagem está intimamente ligada à engenhosidade – que, como visto anteriormente, é a característica definidora do engenheiro. É este talento para conceber **_modelos_** que lhe garante o acesso à compreensão do mundo à sua volta, tanto natural quanto artificial, potencializando sua ação sobre ele. Modelar é um primeiro passo para colocar a razão em prática e, a partir daí, construir o novo.

A modelagem, então, trata da construção de representações que tornam inteligíveis um fenômeno complexo ou uma situação-problema. Assim como máquinas ou construções, um modelo é um artefato projetado pelo homem e, como tal, exige astúcia, inteligência e intencionalidade. Um modelo se presta para um determinado fim. Para que seja útil, ressaltando os aspectos mais relevantes e deixando de fora aqueles que não influenciam o fenômeno, a pessoa que concebe um modelo tem que ter total consciência de sua finalidade. Ela deve saber responder: "Para que estou construindo este modelo?"; "O que quero descobrir?"; "Que problema desejo resolver?". É preciso lembrar que um modelo é um "recorte" da realidade, e não a realidade em si. Um modelo é uma "imagem" da situação na qual pretendemos intervir. É como um retrato em que o fotógrafo decide o que enquadrar, ressaltando apenas os elementos que ele considera importantes para a mensagem que quer transmitir.

© Marcia Agostinho

Em um certo sentido, portanto, a modelagem é um exercício de simplificação – mas uma simplificação criteriosa, feita a partir de uma seleção em que se tem clareza sobre a intenção. É justamente o processo de selecionar o que é, de fato, importante que torna o modelo útil para a solução do problema. Mesmo simples, um modelo pode ser confiável. Para isso, ele deve representar adequadamente o problema que se pretende resolver.

Quando se fala em modelagem, muitas vezes pensamos em elaboradas equações matemáticas ou em técnicas de computação sofisticadas. Esquecemos, contudo, que a engenharia vem utilizando modelos ao longo de toda sua história. Maquetes e plantas de máquinas e construções são modelos que fazem parte da rotina dos engenheiros. Tais instrumentos permitem estudar, em escala reduzida, os objetos que queremos compreender, construir ou aperfeiçoar. Afinal, é bem mais fácil – e barato – realizar testes e experimentos com modelos do que com objetos reais.

Esquemas e equações também são modelos. Nestes casos, a realidade a ser estudada ou melhorada é representada de forma abstrata – e não de forma concreta como nas maquetes ou protótipos. Os esquemas são de grande utilidade no tratamento de problemas, pois permitem representar objetos e fenômenos complexos através de simples desenhos. A linguagem gráfica utilizada favorece o entendimento e a comunicação de situações cujas inúmeras partes e as complexas interações seriam de difícil compreensão se relatadas, por exemplo, de forma discursiva.

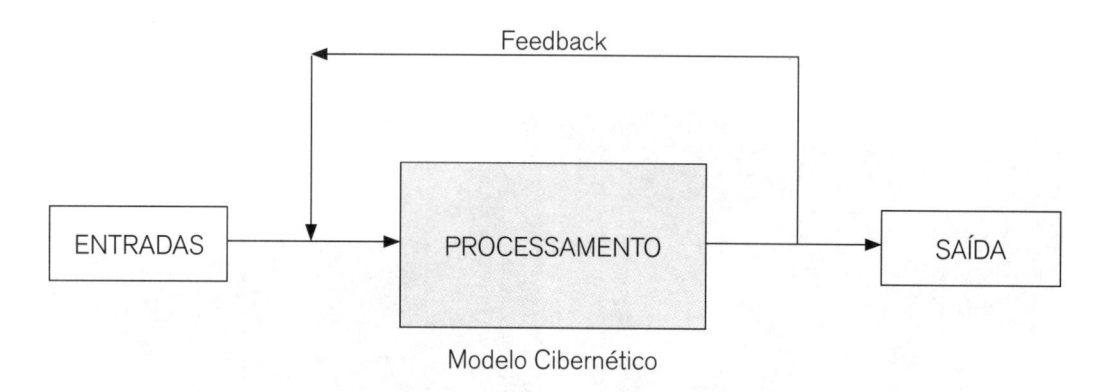

Modelo Cibernético

Um exemplo de esquema largamente empregado no cotidiano dos engenheiros é o modelo cibernético. Neste, uma caixinha representa o processamento de um dado sistema e as setas à esquerda e à direita representam, respectivamente, as entradas e saídas do mesmo. Este modelo inclui, também, relações de retroalimentação (*feedback*) que estão relacionadas às condições de regulação do sistema.

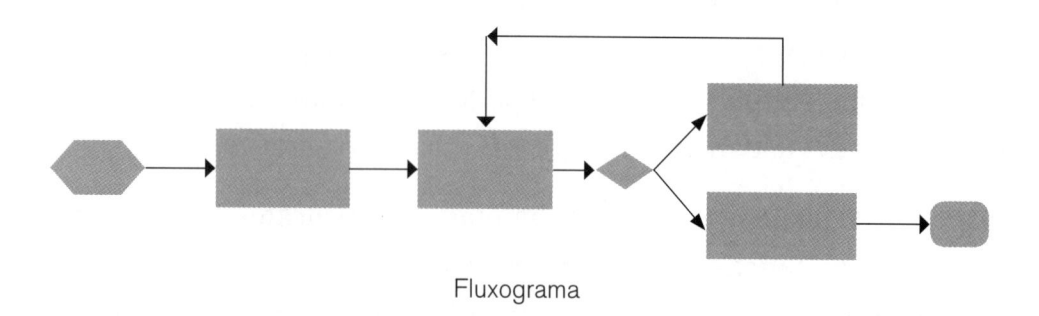

Fluxograma

O fluxograma é outro modelo muito familiar aos engenheiros. É um diagrama que, também por meio de caixinhas e setas, representa os fluxos presentes entre as diversas atividades que compõem um dado processo. Através do modelo, podemos acompanhar como matéria, energia e informações (entradas) fluem através do processo responsável pela produção de um determinado resultado (saída). O fluxograma é um modelo simples e de grande utilidade no projeto e melhoria de processos.

Os avanços da informática contribuiram muito para o desenvolvimento da modelagem numérica. Esta é complementar à modelagem matemática que, por vezes, gera equações de difícil tratamento e solução. Nestes casos, o computador é de grande ajuda, viabilizando, inclusive, exercícios de simulação que são capazes de testar várias hipóteses e soluções potenciais antes que sejam implementadas. Isto acelera bastante a melhoria de produtos e processos, além de reduzir os custos do desenvolvimento.

Convém saber reconhecer, contudo, quais são as situações que realmente justificam a utilização de métodos matemáticos ou computacionais. Na maior parte das vezes, os problemas são relativamente simples e soluções eficazes podem ser obtidas através de ferramentas menos sofisticadas e de modelos visuais – como diagramas, por exemplo. Vale destacar que uma importante função de qualquer modelo é permitir a comunicação inteligível entre as pessoas envolvidas.

Como destaca Le Moigne (1994) a respeito do processo de modelagem: "inteligível, ele deve ser suficientemente ensinável para ser praticável". Um problema não é resolvido quando se encontra a solução. É preciso implementá-la. E, para que sua implementação seja bem-sucedida, é fundamental a participação das pessoas envolvidas. Elas precisam aprender sobre a solução para poderem colocá-la em prática. Neste aspecto, os modelos visuais ou concretos costumam ser mais efetivos, servindo de meio de comunicação e de incentivo à colaboração. Portanto, é melhor deixar os modelos mais "difíceis", que só especialistas conseguem dominar, para os problemas mais complexos.

## Uma questão de método

O mundo não é um paraíso. Nós o sabemos. Inúmeras são as coisas que nos desagradam e que gostaríamos que fossem diferentes. Porém, onde a maioria de nós só consegue ver problemas, alguns enxergam oportunidades de mudança – ou melhor, desafios para a engenhosidade.

Infelizmente, nem todas as iniciativas para solucionar problemas ou para transformar uma realidade são bem-sucedidas. Contudo, a depender do método que sigamos, a probabilidade de sucesso pode aumentar. Em geral, não costumamos pensar em "como" agimos para resolver um problema. Simplesmente nos damos conta de que algo precisa ser feito e, uma vez que assim decidimos, começamos a fazer as coisas conforme nos parece correto. Em alguns casos, repetimos o que deu certo em outras ocasiões. Em outros, fazemos o que aprendemos com outras pessoas, imitando ou seguindo uma tradição. Assim tem sido ao longo da história humana.

Entretanto, por volta dos séculos XVII e XVIII, movidos pelo espírito da Revolução Científica e do Iluminismo, as coisas começaram a ficar mais interessantes – e complexas! O mundo se amplia, novas ideias são compartilhadas e algumas pessoas – notadamente filósofos e "engenheiros" – começam a defender um outro modo de agir, baseado em uma conduta metódica e racional. Este é conhecido como *método científico* ou *método cartesiano*, em referência a seu renomado defensor René Descartes.

Descartes (1998, p.13) acreditava que

> *"o poder de bem aquilatar e diferenciar o vero do falso, quer dizer, o chamado bom senso ou a razão, é naturalmente igual em todos os homens e, assim, que a multiplicidade de nossas opiniões não deriva do fato de uns serem mais razoáveis do que outros, porém somente do fato de encaminharmos nosso pensamento por diversos caminhos e não levarmos em conta as mesmas coisas."*

Há três pontos nesta citação que merecem ser destacados:

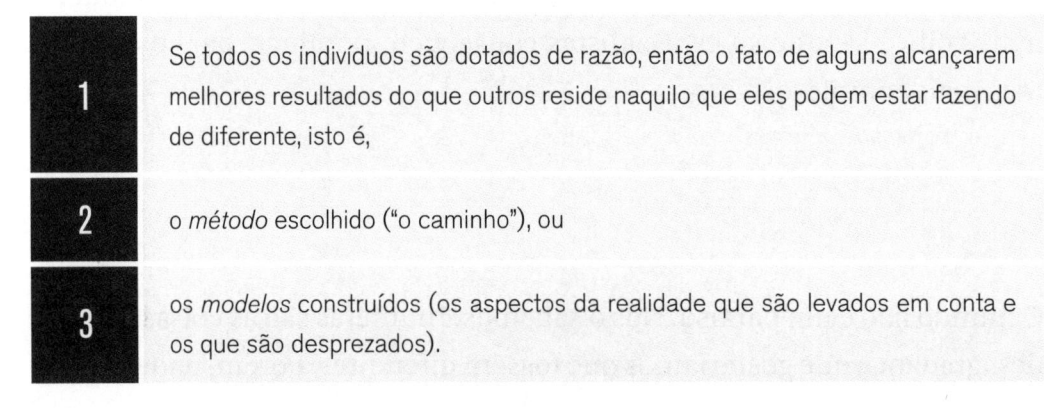

| | |
|---|---|
| **1** | Se todos os indivíduos são dotados de razão, então o fato de alguns alcançarem melhores resultados do que outros reside naquilo que eles podem estar fazendo de diferente, isto é, |
| **2** | o *método* escolhido ("o caminho"), ou |
| **3** | os *modelos* construídos (os aspectos da realidade que são levados em conta e os que são desprezados). |

Logo, seguindo este raciocínio, qualquer um é capaz de obter resultados razoáveis em suas ações, desde que siga um método adequado.

A partir de meados do século XIX, na mesma época em que Charles Darwin publicava sua obra sobre a evolução por seleção natural, a conduta racional se torna ainda mais valorizada. Parecia que era preciso afirmar a razão humana para nos diferenciarmos de nossos recém-descobertos primos macacos.

O método científico nos dava a segurança de que permaneceríamos no caminho da razão, não nos deixando iludir por nossos sentidos ou por nossas paixões, e, assim, tomaríamos melhores decisões. Se, assim como nossos sentidos, nossa razão é imperfeita, é preciso buscar evidências, examinando e testando. O método científico refere-se fundamentalmente a algumas poucas regras que devemos respeitar para garantir que estejamos agindo de maneira racional, em busca do conhecimento. Conforme sugere Descartes (1998, p. 40),

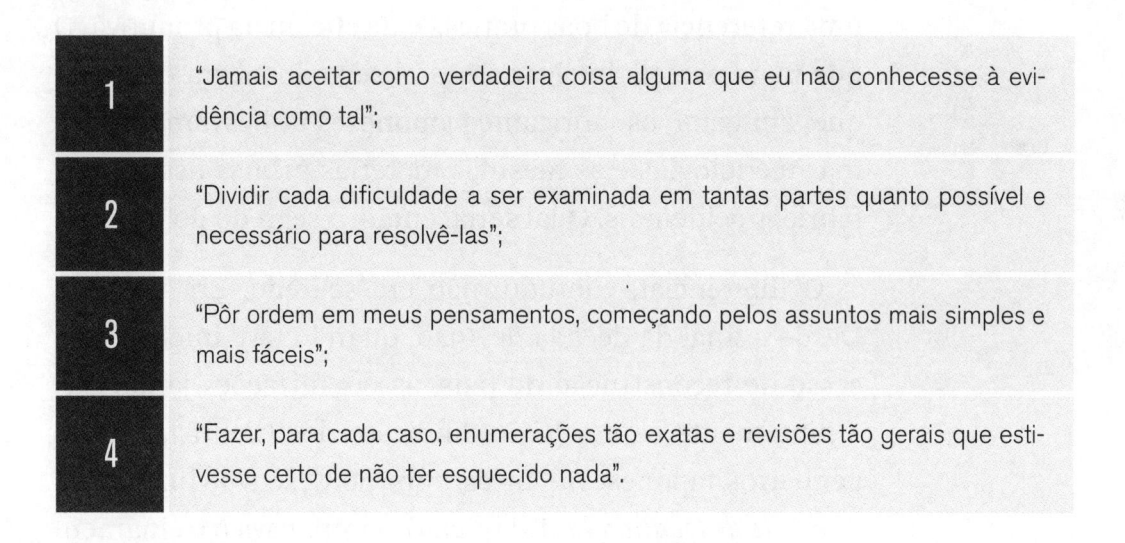

| | |
|---|---|
| 1 | "Jamais aceitar como verdadeira coisa alguma que eu não conhecesse à evidência como tal"; |
| 2 | "Dividir cada dificuldade a ser examinada em tantas partes quanto possível e necessário para resolvê-las"; |
| 3 | "Pôr ordem em meus pensamentos, começando pelos assuntos mais simples e mais fáceis"; |
| 4 | "Fazer, para cada caso, enumerações tão exatas e revisões tão gerais que estivesse certo de não ter esquecido nada". |

Para Descartes, o método deveria virar um hábito. Era preciso trocar o método tradicional, baseado nos costumes, pelo costume do método. Podemos dizer que isso está na base das grandes mudanças científicas e tecnológicas que invadiram o mundo ocidental no século XIX: ferrovias, luz elétrica, telefone etc.

Um século mais tarde, o mundo testemunhou a transformação abrupta de um país feudal em uma potência industrial. Referimo-nos ao Japão que, no século XX, transferiu seu conhecimento sobre o manuseio do aço

> **? CURIOSIDADE**
>
> Ishikawa
>
> Quem foi Ishikawa? Uma das principais autoridades do Japão no campo da qualidade.

da feitura da tradicional espada Samurai para a fabricação de navios e automóveis. De um país arrasado pela Guerra na década de 1940, apenas trinta anos depois, o Japão se transformou em ameaça para os Estados Unidos na acirrada competição por mercados de massa. Graças ao método racional empregado por seus engenheiros, os automóveis japoneses abocanharam o mercado interno americano.

## Metodologia de solução de problemas

O sucesso japonês ecoou por todo o globo, espalhando a ideia da qualidade e transformando as bases da competição industrial internacional. A partir da década de 1980, "produzido no Japão" (*Made in Japan*) tornou-se, para os consumidores, sinônimo de confiabilidade, alta qualidade e inovação. Para os concorrentes – e também para engenheiros industriais e empresários –, o "modelo japonês" tornou-se uma referência de boas práticas e de eficiência produtiva. O que mais parecia intrigar esses observadores era o fato de que, em geral, os fabricantes japoneses utilizavam as mesmas tecnologias e as mesmas matérias-primas usadas nas fábricas ocidentais. Qual seria, então, o segredo do Japão?

O diferencial, contudo, não era segredo. Era método! Desde o final da década de 1940, quando teve início o processo de reconstrução do país, as organizações japonesas – juntamente com a *JUSE* (Sindicato dos Cientistas e Engenheiros Japoneses) – investiram no desenvolvimento do *Controle de Qualidade*. Tal iniciativa implicava o treinamento de engenheiros e operários em métodos estatísticos que dessem suporte ao julgamento e à tomada de decisão baseada em dados experimentais. Desta maneira, acreditava-se ser possível fabricar produtos de alta qualidade a baixo custo – o que alavancaria as exportações do país. Nas palavras de **Ishikawa** (1993, p. 3),

> "...a indústria e a sociedade japonesas comportavam-se de forma muito irracional. Comecei a sentir que este comportamento irracional da indústria e da sociedade podia ser corrigido pelo estudo e pela aplicação correta do controle de qualidade. Em outras palavras, eu senti que a aplicação do CQ conseguiria revitalizar a indústria e causar uma revolução no pensamento da administração."

É interessante notar que a *metodologia de solução de problemas* que hoje é empregada em organizações de todo tipo, em várias partes do planeta, surgiu de um procedimento para relatar as atividades de controle de qualidade em empresas no Japão.

A chamada *"QC Story"* (estória do CQ) consistia em nove passos usados para orientar a racionalidade nas atividades de controle de qualidade:

| | |
|---|---|
| 1 | Estabelecer objetivos (ou problema a ser tratado). |
| 2 | Justificar a escolha do objetivo ou problema. |
| 3 | Avaliar a situação atual. |
| 4 | Analisar as causas. |
| 5 | Definir medidas corretivas e implementá-las. |
| 6 | Avaliar resultados. |
| 7 | Transformar a solução em um novo padrão operacional. |
| 8 | Considerar problemas remanescentes. |
| 9 | Planejar para o futuro. |

A importância de um processo metódico no tratamento de problemas é sintetizada por Ishikawa (1993, p. 154).

> ❓ **CURIOSIDADE**
>
> **Vicente Falconi**
>
> Quem é Vicente Falconi? Engenheiro de minas e metalurgia, professor e consultor, foi um dos responsáveis pela introdução da qualidade total no Brasil.

*"Através da estória de CQ, podemos estudar concretamente os métodos de atingir os objetivos e de resolver problemas – Eles são analíticos? Eles são científicos? – e avaliar os esforços, o pensamento, o entusiasmo e a tenacidade das pessoas envolvidas. Algumas pessoas confiam em sua própria experiência, em seu sexto sentido e em suas intuições. Ocasionalmente, elas podem ser bem-sucedidas, mas é o tipo de sucesso que não pode ser duplicado, nem pode haver prevenção das reincidências caso alguma coisa saia errada."*

No Brasil, a disseminação do "modelo japonês" de gestão da qualidade deve muito ao trabalho do professor **_Vicente Falconi_**. A melhoria de processos – e, portanto, da qualidade – dá-se através de um esforço contínuo de solução de problemas. Contudo, conforme destaca Campus (1992, p. 57), "nós realmente não conhecemos nossos problemas". Nesta perspectiva, "problema" é definido como o resultado indesejado de um processo. Isto é, há um problema sempre que há um desvio da meta; quando não obtemos o resultado esperado ou almejado.

Se o que chamamos de problema diz respeito à nossa insatisfação, isto significa que, ao elevarmos nossas expectativas ou nossos padrões de exigência, estaremos "criando problemas". Porém, se formos capazes de resolvê-los, estaremos alavancando nosso desempenho e rumando para a excelência. É neste sentido que o termo "problema" se iguala à expressão "oportunidade de melhoria".

| | |
|---|---|
| **O MÉTODO DE SOLUÇÃO DE PROBLEMAS** PODE SER SINTETIZADO DA SEGUINTE FORMA: | |
| PLANEJAMENTO | 1) Identificação do problema, com base na comparação entre os resultados obtidos e a meta previamente estabelecida.<br>2) Análise do fenômeno (situação que envolve o problema), com observação de fatos e coleta de dados.<br>3) Busca de causas fundamentais.<br>4) Plano para solucionar o problema, atuando sobre as causas fundamentais. |
| EXECUÇÃO | 5) Colocação em prática das soluções e medidas corretivas planejadas. |
| TESTE | 6) Verificação dos resultados após implementação da solução. Se tiver sido eficaz, então seguir para o passo (7). Caso contrário, retornar ao passo (3). |
| AÇÃO CORRETIVA | 7) Padronização do processo, incorporando a solução à rotina operacional. |

Podemos observar que o *método de solução de problemas* é coerente com o método científico proposto por Descartes. Ambos os métodos estão centrados na busca de evidências, isto é, na coleta de dados para suportar os fatos observados; na análise dos elementos da situação-problema e na busca criteriosa pelas possíveis causas dos efeitos indesejados; na priorização dos problemas a serem atacados; e no teste e na revisão das soluções encontradas.

## 4.3 Qualidade e melhoria de processos

### Evolução da qualidade

A Revolução Industrial permitiu um imenso aumento da escala de produção. Produtos uniformes e baratos invadiam os mercados consumidores, que cresciam na forte simbiose entre "produção em massa / consumo de massa". As economias cresciam e se tornavam mais competitivas. Produtos defeituosos aumentavam os custos e prejudicavam a produtividade das empresas. Mais

> **COMENTÁRIO**
>
> Controle de qualidade
>
> "Um estado ideal de controle de qualidade é quando o controle não precisa de verificação (inspeção)." (Ishikawa, 1993, p. 43)

ainda, era preciso impedir que os defeitos fossem percebidos pelos consumidores. Do contrário, eles poderiam optar pelo concorrente, comprometendo ainda mais o resultado do negócio. Estava aí uma causa tanto para o aumento dos custos quanto para a redução das vendas.

Qual a solução imediata para combater o defeito? A inspeção.

Assim, surge a figura do inspetor, muitas vezes associada a um departamento de inspeção ou de **_controle de qualidade_**. Porém, como reflete Ishikawa (1993, p. 79), "inspetores são pessoal desnecessário, que reduzem a produtividade global de uma empresa. Eles não estão fazendo nada. A inspeção é necessária porque existem defeitos e falhas. Se os defeitos e as falhas desaparecem, não há mais necessidade de inspetores". Controle de qualidade como simples inspeção, mesmo sendo irracional, perdurou por muito tempo.

Porém, com o desenvolvimento técnico e o aumento do nível de escolaridade dos trabalhadores, o século XX avançou em termos de racionalização e qualidade. Na década de 1930, Shewhart inventa o gráfico de controle, que passa a ser aplicado na produção industrial americana. Graças a isto, os Estados Unidos conseguiram produzir, durante a Segunda Guerra Mundial, enorme quantidade de suprimentos militares a baixo custo. Nascia, então, o controle estatístico da qualidade, responsável por um importante salto em produtividade industrial.

Do outro lado do mundo, contudo, o Japão estava devastado. Com a indústria destruída e o povo desabrigado e faminto, não seria esperado que o sistema de telefonia funcionasse. Ao desembarcarem no país, as forças de ocupação americanas imediatamente tomaram uma providência: introduziram o moderno controle de qualidade na indústria de telecomunicações japonesa. Estava lançada a pedra fundamental para o que hoje é mundialmente reconhecido como *qualidade total no estilo japonês*.

Na década de 1950, o controle estatístico da qualidade virou uma verdadeira moda no Japão, com intensa utilização de gráficos de controle e inspeção por amostragem. Entretanto, a sofisticação dos métodos fez com que o controle de qualidade se tornasse um movimento dos engenheiros e gerou insatisfação por parte dos operários experientes.

Até que Dr. Joseph M. Juran, consultor de grande reputação, visitou o Japão em 1954. Este "marcou uma transição nas atividades de controle de qualidade no Japão, passando de lidar primariamente com tecnologia baseada em fábricas para uma preocupação global com toda a administração" (Ishikawa, 1993, p.19). A partir daí, o enfoque se deslocou da busca por defeitos – *inspeção* – para a eliminação de defeitos – *melhoria de processos*. Para isso dar certo, é preciso que todas as áreas da empresa sejam envolvidas: projeto, fabricação, vendas, financeiro, pessoal, todos, enfim, têm sua contribuição a dar para a qualidade do produto final.

A década de 1980 reconheceu o sucesso da abordagem japonesa para a qualidade. Enquanto empresas americanas perdiam a liderança e abriam espaço para importações de concorrentes mais competitivos, a indústria japonesa exportava para todo o mundo, inclusive automóveis para os Estados Unidos. Foi uma grande transformação se considerarmos que, antes da Guerra, os produtos japoneses eram associados à baixa qualidade.

A qualidade evoluiu, assim, da inspeção para o controle de processo e, daí, para o desenvolvimento de novos produtos e serviços – sempre em busca da satisfação das necessidades do cliente.

## O conceito de qualidade

**Qualidade** está relacionada tanto à existência de características do produto que respondem às necessidades do cliente, quanto à ausência de deficiências, as quais agregam custos. Juran (1992, p. 9) destaca que:

> **COMENTÁRIO**
>
> Qualidade
>
> "Praticar um bom controle de qualidade é desenvolver, projetar, produzir e comercializar um produto de qualidade que é mais econômico, mais útil e sempre satisfatório para o consumidor." (Ishikawa, 1993, p. 43)

> **CONCEITO**
>
> Qualidade total
>
> "Qualidade total são todas aquelas dimensões que afetam a satisfação das necessidades das pessoas e por conseguinte a sobrevivência da empresa. Estas dimensões são [...] Qualidade, custo, entrega, moral e segurança." (Campos 1992b, p.14)

> - "As características do produto afetam as vendas. No caso desta espécie, a qualidade mais alta normalmente custa mais caro."
> - "As deficiências do produto afetam os custos. No caso desta espécie, a qualidade mais alta normalmente custa menos."

Esses dois aspectos da qualidade podem ser sintetizados na ideia de "adequação ao uso". Baixa qualidade, portanto, refere-se à existência de defeitos que comprometem às funcionalidades do produto ou serviço. Entretanto, oferecer um produto de qualidade significa identificar os requisitos que refletem as necessidades do cliente e entregá-los. Assim, o termo "qualidade" pode ser compreendido de forma ampla, significando qualidade de todos os processos e recursos, em todas as suas manifestações, de maneira a garantir que os produtos e serviços daí resultantes satisfaçam as pessoas para as quais se direcionam.

Emerge, então, o conceito de ***qualidade total*** e, em decorrência, o controle da qualidade total, que se refere a uma abordagem segundo a qual as atividades de controle são exercidas por todas as pessoas da empresa, sistemática e metodicamente. Isto significa que, em vez de se ter um ponto de inspeção de qualidade ao final do processo – onde se verificaria se o produto está conforme o padrão –, tem-se que, em todos os postos de trabalho, cada pessoa é responsável por controlar os seus respectivos indicadores de desempenho. A diferença é que não se espera o produto ficar pronto para então verificar se ele tem defeitos ou não. Uma vez que vários indicadores são monitorados ao longo do processo, o controle da qualidade total consegue antecipar e prevenir problemas de qualidade no produto final.

Porém, a satisfação dos clientes não é garantida apenas com a eliminação de defeitos e com a garantia de que o produto está conforme o padrão. É necessário também que o próprio padrão seja capaz de refletir as expectativas dos clientes. Neste sentido, quando se fala em *qualidade total*, considera-se que estejam em prática os seguintes princípios:

- Foco no cliente, buscando compreender suas reais necessidades e expectativa.
- Valorização do cliente em termos amplos, incluindo os clientes internos.
- Comunicação e tomada de decisão com base em fatos e dados, garantindo ações racionais.
- Priorização de problemas e busca de solução segundo criticidade.
- Isolamento das causas fundamentais e ação preventiva.
- Gerenciamento da organização por processos.
- Respeito ao ser humano, esteja ele na figura de clientes, empregados ou cidadãos em geral.

> **CONCEITO**
>
> Cliente
> "Cliente é qualquer pessoa que seja impactada pelo produto ou processo. Os clientes podem ser externos ou internos." (Juran, 1992, p. 8)

Observamos que o moderno conceito de qualidade tem, portanto, relação direta com as ideias de "cliente" e de "processo". O cliente é, em última análise, a razão de ser de todos os processos de uma organização.

## Cliente

Enquanto **_cliente_** é entendido como qualquer pessoa, ou organização, que é afetada pelos produtos ou processos de uma organização fornecedora, "cliente interno" é um tipo especial de cliente, membro da organização que produz o produto ou serviço. O "cliente externo" é aquele indivíduo ou organização que, embora afetado, não pertence à organização fornecedora dos produtos ou serviços. Vale notar que todo consumidor é um cliente, mas que *nem todo cliente é um consumidor*. Isto porque são inúmeras as formas como podemos ser afetados. O consumo é apenas uma.

Em termos mais gerais, cliente é todo aquele que recebe saídas de um processo e fornecedor é aquele de quem provêm suas entradas.

> **CONCEITO**
>
> Processo
>
> "Processo é uma série sistemática de ações dirigidas à realização de uma meta." (Juran, 1992, p. 222)

> **CONCEITO**
>
> Variabilidade
>
> Variabilidade é "a dispersão apresentada por avaliações de eventos sucessivos resultantes de um processo comum, por exemplo a medição de unidades sucessivas de produto que saem de um processo". (Juran, 1992, p. 523)

FORNECEDOR ⟹ PROCESSO ⟹ CLIENTE

Desta forma, qualquer processo dentro de uma organização possui clientes e fornecedores, formando uma rede de fornecimento interno. A ideia da qualidade total é que, assim como acontece em relação aos clientes externos, o foco esteja nos clientes internos, e não nos fornecedores. Neste sentido, o cliente interno passa a verificar ("inspecionar") a qualidade da saída que o fornecedor interno lhe passou, distribuindo, portanto, o controle por toda a organização.

Processo

Os produtos resultantes de um ***processo*** são suas *metas*. Neste sentido, tendo-se definidas as características de um produto (após o *projeto do produto*), torna-se necessário definir os meios operacionais que o produzirão, tais como equipamentos, operações, instruções e *softwares*. A isto chamamos de *projeto de processo*.

Entretanto, muitas vezes o processo não consegue atingir a meta, produzindo produtos não conformes ou produzindo-os corretamente, porém em tempo excessivo. Neste caso, surge a oportunidade de realizar *projetos de melhoria de processo*. Um dos motivos para a realização de melhorias de processo é a ocorrência de variabilidade no processo além do aceitável.

Variabilidade

Todo processo apresenta ***variabilidade***. Este é um fenômeno natural, relacionado a materiais, condições ambientais, condições de operação etc. O que está em questão é sua extensão. Afinal, um processo tem que realizar sua meta apesar desta restrição. O desafio, então, é manter a variabilidade sob controle para que as metas sejam cumpridas.

Como tudo a ser controlado precisa ser medido, a variabilidade tem uma unidade de medida estatística largamente aceita: o desvio-padrão (representado pela letra grega "sigma" – σ). O acompanhamento do processo ao longo do tempo permite observar claramente quando certos indicadores ultrapassam o limite de tolerância. Esses pontos são aqueles em que o processo fugiu do controle. Eles representam problemas – ou, na visão da qualidade total, *oportunidades de melhoria*.

Problema

**_Problema_** pode ser entendido como tudo aquilo que se distancia da meta. Partindo desta definição, concluímos que resolver problemas é a principal função do gerenciamento. Para garantir produtos e serviços de qualidade, é necessário que os processos sejam estáveis e confiáveis e que os problemas que surjam sejam prontamente identificados, priorizados e resolvidos metodicamente para que suas causas não voltem a produzir efeitos indesejáveis.

Gerenciamento da qualidade

A função do gerenciamento da qualidade é oferecer continuamente as condições para que as metas de qualidade, em todas as dimensões, sejam atingidas. Como o gerenciamento em geral, o da qualidade também compreende os processos de planejamento, controle e melhoria.

*Planejamento da qualidade*

Fala-se muito da perda de competitividade nacional em razão da baixa produtividade, do alto custo de produção e, em muitos casos, do baixo diferencial em qualidade que os produtos e serviços brasileiros apresentam em comparação a seus competidores. Por outro lado, nós cidadãos enquanto consumidores estamos sujeitos à ineficiência dos sistemas de transportes, a interrupções no fornecimento de energia, a deficiências no sistema de telefonia, sem contar os problemas nos serviços médicos e educacionais. Tudo isso é reflexo da baixa qualidade, que leva a desperdícios crônicos e custos excessivos, comprometendo o atendimento às necessidades dos clientes.

---

**CONCEITO**

Problema

"Um problema é o resultado indesejável de um processo." (Campos, 1992b, p. 20)

---

**CONCEITO**

Planejamento da qualidade

"O planejamento da qualidade trata da fixação de metas e do estabelecimento dos meios necessários para alcançá-las. O controle de qualidade trata da execução de planos – da condução das operações de forma a atingir as metas. O controle de qualidade inclui a monitoração das operações, de forma a detectar as diferenças entre o desempenho real e as metas. […] O melhoramento da qualidade é exigido a problemas crônicos, pedindo diagnóstico para a descoberta das causas e provendo os remédios para eliminá-las". (Juran, 1992, p.19-20)

---

**CONCEITO**

Planejameto da qualidade

"Planejamento da qualidade é a atividade de (a) estabelecer as metas de qualidade e (b) desenvolver os produtos e processos necessários à realização dessas metas". (Juran, 1992, p.13)

> **CONCEITO**
>
> Garantia da qualidade
>
> "Dentro de uma empresa, a responsabilidade pela garantia de qualidade é das divisões de projeto e fabricação, e não da divisão de inspeção. Esta última apenas inspeciona os produtos do ponto de vista do consumidor, e não assume a responsabilidade pela garantia da qualidade."
> (Ishikawa, 1993, p. 78)

Juran (1992, p.3) faz um alerta: "Numerosas crises e problemas específicos de qualidade podem ser atribuídos à maneira pela qual a qualidade foi inicialmente planejada. Em certo sentido, nós a planejamos assim."

A provocação de Juran nos leva a refletir: se *nós a planejamos assim*, por que não podemos planejar a qualidade de maneira que o resultado nos seja satisfatório?

Na verdade, o que precisamos é assumir a realização do planejamento e fazê-lo de modo racional, com base em fatos e dados, e utilizando, da melhor forma, as ferramentas que estejam a nosso alcance. É preciso, antes de tudo, compreender adequadamente a que necessidades o produto ou processo cuja qualidade planejamos visa atender. A partir daí, cabe traduzi-las em requisitos e organizar as atividades para obtê-los.

### Garantia da qualidade

A ***garantia da qualidade*** tem como função assegurar que todos os processos e atividades estão sendo realizados de forma a atender às necessidades do cliente – e, se possível, melhor que o concorrente. Mais ainda, através da garantia da qualidade, pretende-se fornecer evidências para se conquistar a confiança das partes interessadas.

Conforme destaca Campos (1992b, p.100),

> "A garantia da qualidade é conseguida pelo gerenciamento correto e obstinado (via PDCA) de todas as atividades da qualidade em cada projeto e cada processo, buscando sistematicamente eliminar totalmente as falhas, pela constante preocupação com a satisfação total das necessidades do consumidor (antecipando seus anseios) e pela participação e responsabilidade de todos da empresa. Este é o gerenciamento guiado pelo princípio da 'primazia da qualidade'."

A garantia da qualidade, através da qual se firma o compromisso de que serão executados os planos criados no processo de planejamento da qualidade, visa assegurar que as entregas cumpram as expectativas e requisitos especificados.

A garantia da qualidade também se aplica na realização de projetos, inclusive de projetos de melhoria de processo. O impacto das atividades de um projeto vai além dos limites temporais do próprio projeto. Elas têm o poder de definir o sucesso ou fracasso do projeto e de influenciar a qualidade dos produtos e serviços dele originados. Um projeto possui uma data para término, porém a longevidade do produto ou serviço dele decorrente dependerá do seu desempenho no mercado e de sua capacidade de responder continuamente aos interesses dos clientes. Desta forma, o processo de garantia da qualidade torna-se muito relevante no gerenciamento de projetos de melhoria de processo.

Controle de qualidade total

Controlar é medir o desempenho real e, comparando-o com uma meta previamente definida, agir corretivamente sobre o processo no sentido de obter resultado mais favorável no futuro. Um ***controle de qualidade*** eficiente permite identificar as causas de problemas de baixa qualidade e solucioná-los, de forma a evitar maiores prejuízos para a organização.

Durante o processo de controle de qualidade – ou mesmo no momento da realização de auditorias de qualidade – podem ser detectadas não conformidades. Isto é, quando a qualidade real observada não corresponde à qualidade alvo. O tratamento das não conformidades passa pela avaliação de seus impactos, a partir da qual é definida a ordem em que serão estudadas e corrigidas. A "ação corretiva" inclui tanto o diagnóstico da causa quanto o desenvolvimento e implementação da solução.

O efetivo tratamento de não conformidades é conseguido através do uso de métodos e ferramentas simples, já consagrados no gerenciamento da qualidade.

### CONCEITO

Controle de qualidade

Controle de qualidade total "é um sistema gerencial que parte do reconhecimento das necessidades das pessoas e estabelece padrões para o atendimento destas necessidades. É um sistema gerencial que visa manter os padrões que atendem às necessidades das pessoas. É um sistema gerencial que visa melhorar (continuamente) os padrões que atendem às necessidades das pessoas, a partir de uma visão estratégica e com abordagem humanística." (Campos 1992b, p.13)

> **COMENTÁRIO**
>
> **PDCA**
>
> "O método gerencial (método de solução de problemas) é único, mas existem várias denominações utilizadas por consultorias que querem fazer crer que seu método é melhor. São denominações comerciais. Todas as denominações são boas pois o método é único. Adoto a denominação PDCA (plan – do – check – act) oriunda dos japoneses e já muito difundida no Brasil e no mundo. O método PDCA é a alma do sistema Toyota de produção." (Falconi, 2009, p. 24)

## Métodos e ferramentas para o gerenciamento da qualidade

### Método para melhoria contínua – PDCA

Edwards Deming, conferencista americano e "um reconhecido estudioso no campo da amostragem, foi quem apresentou o controle de qualidade ao Japão" (Ishikawa, 1993, p.17). Em visitas àquele país entre 1950 e 1953, Deming realizou seminários em que ensinava como usar o ciclo **_PDCA_**, além de como utilizar gráficos de controle para controlar processos.

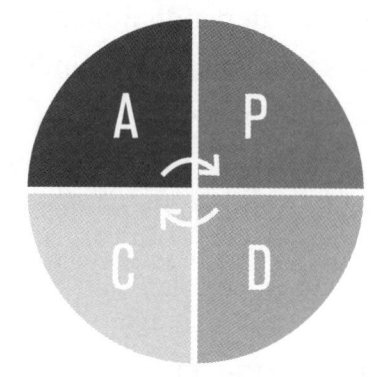

"Ciclo Deming" – também conhecido como "Ciclo PDCA"

Como destaca Falconi (2009, p. 25), o PDCA permite:

| | |
|---|---|
| A | "A participação de todas as pessoas da empresa em seu efetivo gerenciamento (melhoria e estabilização de resultados). |
| B | A uniformização da linguagem e a melhoria da comunicação. |
| C | O entendimento do papel de cada um no esforço empresarial. |
| D | O aprendizado contínuo. |
| E | A utilização das várias áreas da ciência para a obtenção de resultados. |
| F | A melhoria da absorção das melhores práticas empresariais." |

O método PDCA, graças à sua simplicidade, propicia o gerenciamento racional da organização com a participação de todas as pessoas. Ao contrário do gerenciamento clássico (com o princípio taylorista da separação entre planejamento e execução), o PDCA envolve todos – não importa o cargo – na busca de conhecimento e na conduta metódica para o descobrimento das causas e desenvolvimento de soluções para os problemas. O PDCA é também um método de gerenciamento científico, mas diferencia-se da "administração científica" (Taylor, 1971) por não se concentrar em especialistas. A força do método está em ser capaz de aproveitar toda a inteligência presente na organização.

## Método de análise de Pareto

O primeiro passo para solucionar um problema é identificá-lo. Contudo, nas situações reais, um problema raramente aparece sozinho. Neste caso, é preciso priorizá-los. O método de análise de Pareto se presta muito bem para priorizar projetos e estabelecer metas concretas, com base em fatos e dados.

O método se baseia no "Princípio de Pareto" – nome que Juran, baseado em uma generalização do trabalho do economista Vilfredo Pareto sobre distribuição de riqueza, escolheu para abreviar o "princípio dos poucos mas vitais, muitos e triviais". De qualquer forma, o termo se fixou na literatura e até hoje é extensivamente usado para designar "o fenômeno segundo o qual, em qualquer população que contribui para um efeito comum, um número relativamente pequeno de contribuintes responde pela maior parte do efeito" (Juran,1992, p. 69).

O método utiliza um gráfico (diagrama de Pareto) que auxilia na separação dos problemas em duas categorias: os poucos mas vitais e os muitos e triviais. O diagrama é um gráfico de barras verticais que representam cada problema e suas respectivas frequências de ocorrências. As barras são ordenadas da maior para a menor. As maiores referem-se aos problemas que serão priorizados.

**Gráfico de Pareto**

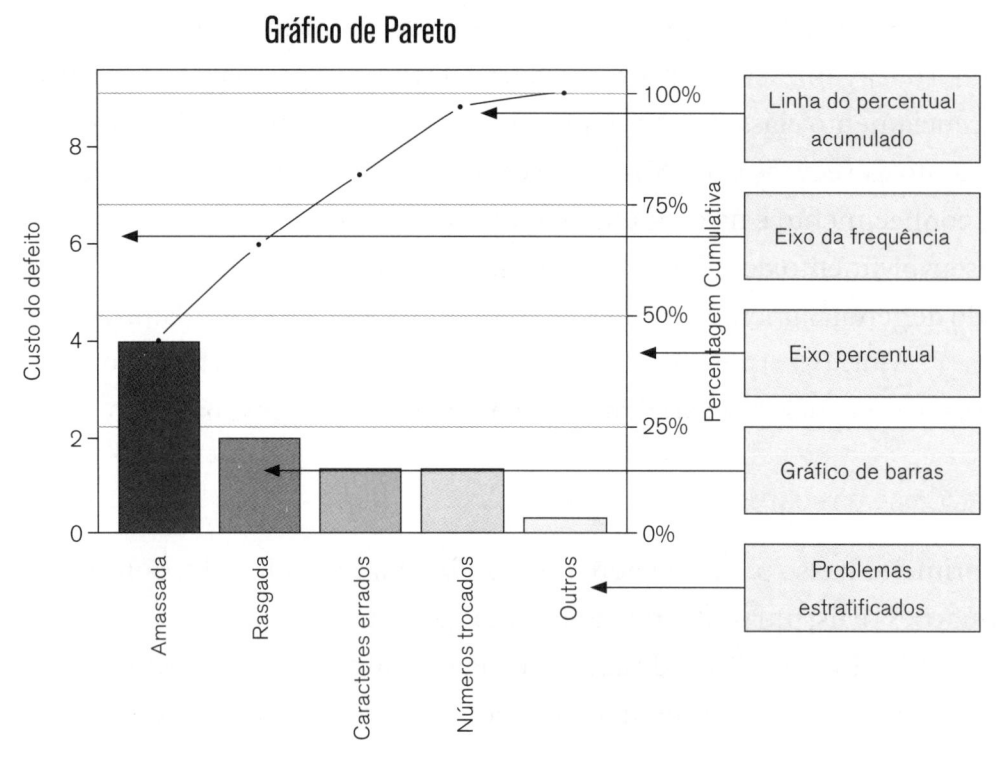

*(Gráfico de Pareto com barras para: Amassada, Rasgada, Caracteres errados, Números trocados, Outros; eixo esquerdo "Custo do defeito"; eixo direito "Percentagem Cumulativa" de 0% a 100%. Anotações: Linha do percentual acumulado, Eixo da frequência, Eixo percentual, Gráfico de barras, Problemas estratificados.)*

Fonte: Portal Action

## Diagrama causa-efeito

Da mesma forma que os problemas costumam vir em grupo – ou são tão complexos que precisam ser divididos em subproblemas – as causas também costumam agir em conjunto para provocar um determinado problema.

**Grupo de causas**

*(Diagrama espinha de peixe com causas: Método, Máquina, Medida, Meio ambiente, Mão de obra, Material → Efeito.)*

"Diagrama Causa-Efeito", também conhecido como diagrama de Ishikawa ou espinha de peixe.

Ishikawa (1993, p.64) observa que "as palavras que aparecem nas pontas das ramificações são as causas. (...) Um conjunto destes fatores de causa é chamado de processo. Processo não se refere apenas ao processo de fabricação. O trabalho ligado a projeto, compras, vendas, pessoal e administração são todos processos. Política, governo e educação são todos processos. Enquanto houver causas e efeitos, ou fatores de causa e características, todos podem ser processos. Em CQ [controle de qualidade], acreditamos que o controle de processos pode ser benéfico a todos estes processos."

## Gráfico de controle ou gráfico de Shewhart

"Gráficos de controle são usados para determinar se um processo é estável ou se tem um desempenho previsível. Os limites de especificação superior e inferior se baseiam nos requisitos do acordo. Eles refletem os valores máximo e mínimo permitidos. (...) O gerente de projetos e as partes interessadas apropriadas podem usar os limites de controle estatisticamente calculados para identificar os pontos em que a ação corretiva será tomada para impedir o desempenho anormal" (PMI, 2014, p. 238).

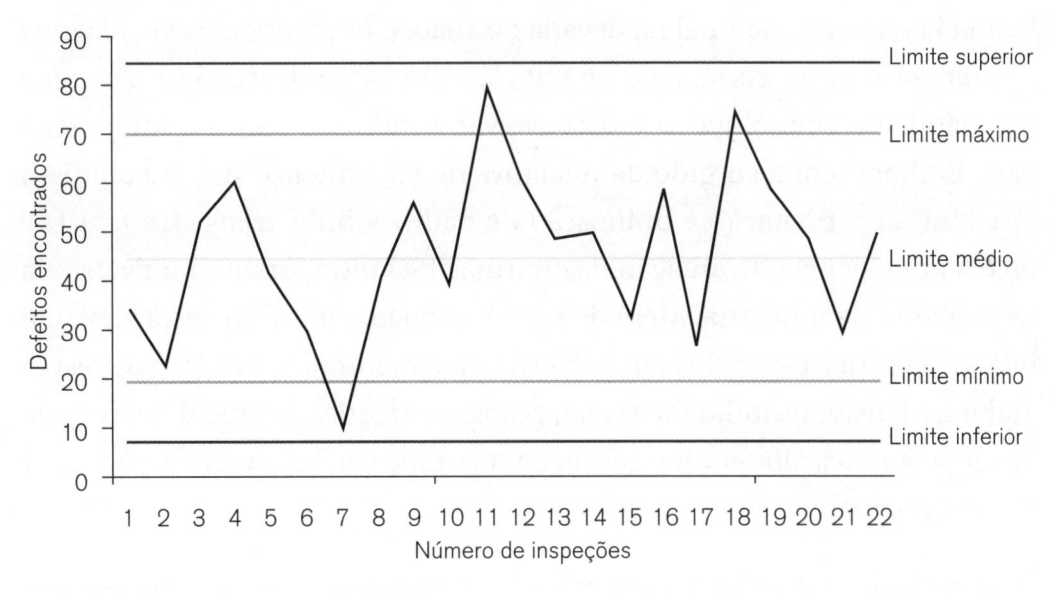

Fonte: fabiocruz.com

## Sistemas de gestão da qualidade

Sistemas de gestão da qualidade são implantados nas organizações com vistas a fornecer um padrão que oriente, de forma integrada, as ações de planejamento, controle e melhoria da qualidade. Este padrão diz respeito não só a valores que servem de referência para a interpretação do comportamento de indicadores de desempenho, mas, principalmente, a rotinas, métodos e procedimentos para a ação dos vários indivíduos em diversos pontos de decisão.

> ### CONCEITO
>
> "Um sistema de gestão é um conjunto de ações interligadas de tal maneira que os resultados da empresa sejam atingidos. (...) Para que algo seja chamado de 'sistema de gestão' é necessário que sejam partes interligadas com a função de produzir resultados. Estas partes interligadas, por sua vez, devem, cada uma delas, seguir o método, pois, pela própria definição de método, não pode haver 'sistema de gestão' que não seja baseado em puro método!" (Falconi, 2009, p. 28)

No Brasil, juntamente com a difusão do movimento da qualidade total, as normas ISO 9000 e o Prêmio Nacional de Qualidade têm desempenhado importante papel na construção de sistemas de gestão da qualidade nos mais diversos tipos de organização, da indústria aos serviços.

### Certificação ISO 9000

Fundada na Suíça, no final da década de 1940, a *International Organization for Standardization,* como o nome indica, é uma organização internacional independente cujo objetivo é desenvolver e publicar padrões internacionais. Embora tenha surgido da iniciativa de engenheiros que pretendiam "facilitar a coordenação e unificação de padrões industriais" (ISO, 2014), hoje a abrangência de atuação das normas ISO ultrapassou o universo da tecnologia e da indústria. Além da série ISO 9000, dirigida à gestão da qualidade, há séries específicas para o estabelecimento de padrões em gestão ambiental, responsabilidade social, gestão energética, gestão de risco, gestão de segurança alimentar e gestão de segurança da informação, para citar as mais populares.

Organizações que seguem padrões internacionais tendem a ganhar credibilidade junto aos clientes. Em certas indústrias, a certificação de que esses padrões são seguidos é um requisito contratual ou legal (caso em que o padrão vira norma). A certificação é feita por órgãos independentes que emitem um certificado por escrito de que o produto, serviço ou sistema obedece às exigências especificadas.

A norma ISO 9000 (no Brasil, preferiu-se "norma" em lugar de "padrão" para traduzir *standard*) é um padrão para um sistema de garantia de qualidade largamente reconhecido. Entretanto, conseguir a certificação não garante que a organização terá sucesso em estabilizar seus processos internos e manter (ou alcançar) a qualidade almejada. Falconi (2009, p.105) adverte que "diplomas de atendimento às normas, muito embora sejam em alguns casos exigidos pelos clientes, não resolvem o problema da estabilidade dos processos. O que realmente resolve nossos problemas é ser disciplinado no gerenciamento da rotina, mudando radicalmente a cultura reinante".

### Prêmio Nacional de Qualidade – PNQ

O Prêmio Nacional de Qualidade é oferecido, anualmente, pela Fundação Nacional da Qualidade, desde 1991. Mais do que um fim, o PNQ é um meio para as organizações melhorarem seus sistemas de gestão da qualidade, já que, ao candidatar-se, a organização inicia uma profunda análise de sua gestão, com base nos critérios estabelecidos para o prêmio.

> **CONCEITO**
>
> Projeto
>
> "Projeto é um esforço temporário empreendido para criar um produto, serviço ou resultado único. A natureza temporária dos projetos indica que eles têm um início e um término definidos. [...] Temporário não significa necessariamente de curta duração. O termo se refere ao engajamento do projeto e sua longevidade. O termo temporário normalmente não se aplica ao produto, serviço ou resultado criado pelo projeto; a maioria dos projetos é empreendida para criar um resultado duradouro." (Pmbok, 5ª. ed., 2014, p. 3)

> **COMENTÁRIO**
>
> "O trabalho da FNQ é baseado no modelo de excelência da gestão® (MEG), uma metodologia de avaliação, autoavaliação e reconhecimento das boas práticas de gestão. Estruturado em treze fundamentos e oito critérios, o modelo define uma base teórica e prática para a busca da excelência, dentro dos modernos princípios da identidade empresarial e do atual cenário do mercado." (FNQ, 2014)

## 4.4 Gerenciamento de projetos

### Definição de projeto

Um **_projeto_** visa um resultado diferente daqueles obtidos através da rotina operacional da organização. É um esforço concentrado na obtenção de um resultado único – ainda que este venha, mais tarde, a ser incorporado aos processos rotineiros da organização. Neste sentido, são exemplos de projetos potenciais as inúmeras oportunidades de melhoria de processo em fábricas ou em prestadoras de serviços, bem

> **CONCEITO**
>
> Stakeholders
>
> *Stakeholders* são todas as partes interessadas ou afetadas por um projeto.

como as iniciativas de inovação tecnológica ou de desenvolvimento de novos produtos.

Além disso, um projeto é um empreendimento com recursos limitados. Independentemente da duração e da quantia envolvida, há um cronograma e um orçamento previamente determinados. Portanto, seu sucesso exige uma conduta metódica e racional, de forma a garantir a eficiência sem comprometer a eficácia esperada.

Para isso, são necessários mais do que competências técnicas e conhecimentos específicos. Ser membro de uma equipe de projetos requer habilidades gerenciais e comunicacionais nem sempre demandadas em ambientes de trabalho em que as operações são contínuas ou de longo prazo. Mais ainda, a concentração de esforços e a variedade de atividades em um prazo reduzido exigem dos indivíduos envolvidos uma atitude disciplinada e, muitas vezes, automotivada. Com tais desafios, um projeto bem-sucedido é fonte de grande satisfação e senso de realização para a equipe envolvida.

## O gerenciamento de projetos

Embora o gerenciamento de projetos envolva boa dose de habilidades de liderança e desenvolvimento de equipes, o papel-chave do gerente de projeto é a condução das atividades de planejamento e controle do projeto. Segundo Keelling (2002, p.9), o gerente de projeto é:

| | |
|---|---|
| 1 | O centro em torno do qual gira toda a atividade; |
| 2 | O elo entre *stakeholders* internos e externos e as organizações; |
| 3 | Regulador do progresso, velocidade, qualidade e custo; |
| 4 | Líder e motivador do pessoal do projeto; |

| 5 | Comunicador e negociador em todas as coisas relacionadas ao projeto; e |
| 6 | Controlador de finanças e outros recursos. |

Apesar de seu papel central, o gerente de projeto não pode ser o único responsabilizado por um eventual fracasso do projeto. Fatores como divisão conflituosa de recursos entre o projeto e as atividades operacionais, relações humanas problemáticas, responsabilidades mal definidas, dificuldade em avaliar riscos ou controle de custos deficiente têm sido apontados como causas comuns do fracasso de muitos projetos em todo o mundo. Contudo, há algo em comum no contexto de gerenciamento dos projetos bem-sucedidos: eles possuem *mecanismos de planejamento e controle adequados*.

## Mecanismos de planejamento e controle

Se considerarmos que gerenciar significa *planejar,* executar *e controlar,* podemos dizer que, ao contrário do que se possa imaginar, o sucesso de um projeto depende fundamentalmente de seu planejamento e da efetividade do controle. Isto se deve ao fato de que é durante a fase de planejamento que são definidas quais etapas – e como – deverão ser executadas. Por sua vez, é o controle do projeto que verifica se a execução foi realizada conforme o planejado. Mecanismos de planejamento e controle eficazes garantem que a execução do projeto ocorra de forma racional, evitando desperdícios de tempo e recursos, bem como contribuindo para que os objetivos do projeto sejam alcançados.

Assim, o primeiro passo quando se decide iniciar um projeto é definir com clareza o resultado que se espera obter: um novo produto, uma melhoria em um processo existente, a solução para um determinado problema etc. É este resultado esperado que, expresso de forma sintética, dará o nome ao projeto (exemplo: "Projeto Carro Movido a Água"). O segundo passo é garantir mecanismos para que os diversos elementos do projeto, tais como *escopo, tempo, custos* e *equipe,* estejam apropriadamente coordenados. Em outras palavras, é importante estabelecer as "regras" que orientarão a condução do projeto, de maneira que todas as atividades sejam devidamente integradas.

> **CONCEITO**
>
> Escopo do projeto
>
> "O gerenciamento do escopo do projeto inclui os processos necessários para assegurar que o projeto inclui todo o trabalho necessário, e apenas o necessário, para terminar o projeto com sucesso." (Pmbok, 5ª. ed., 2014, p. 105)

*Escopo* – Trata da descrição detalhada do projeto e do produto, estabelecendo seus limites e definindo quais dos requisitos coletados serão incluídos e quais serão excluídos do ***escopo do projeto***. O planejamento do escopo visa garantir que o projeto inclua todo, e somente, o trabalho requerido, identificando os requisitos das partes interessadas e definindo como eles serão atendidos. O controle em relação ao escopo tem por objetivo acompanhar eventuais mudanças que tenham ocorrido para adaptar o projeto a novas demandas, tanto eliminando quanto introduzindo itens ao escopo inicial.

*Tempo* – Tanto projetos quanto processos são conjunto de atividades voltadas para um fim. Entretanto, eles se diferenciam na questão do tempo de duração. Um processo dura indefinidamente, enquanto permanecer o interesse pelos produtos gerados, ou até que algum evento provoque sua interrupção. Um projeto, por sua vez, tem data para terminar. A um projeto deve estar associado um *prazo*. Para que o projeto seja concluído no tempo esperado, é importante que se realize um planejamento adequado, definindo-se as atividades, estabelecendo-se a sequência em que devem ser executadas e, por meio de estimativas de duração de atividades, criando-se um cronograma que permita o controle do andamento do projeto.

*Custos* – Um dos maiores desafios em um projeto é garantir que ele seja completado dentro do orçamento aprovado. Não basta realizar um controle rigoroso dos custos. É necessário estimá-los com base em dados confiáveis, planejar os gastos e definir o orçamento de maneira que não faltem recursos para a realização das várias etapas do projeto. Sem os recursos adequados, dificilmente o projeto será bem-sucedido. Por outro lado, gastos excessivos, que ultrapassem a quantia orçada, também significam o fracasso do projeto. Mais ainda, os recursos devem estar disponíveis em tempo hábil para realização das atividades. Caso contrário, mesmo que o orçamento total seja respeitado, o atraso em alguns pagamentos pode comprometer a realização do cronograma como planejado –

o que também denota o fracasso do projeto. Vale ressaltar que um projeto de sucesso é aquele que entrega os resultados conforme os requisitos, dentro do prazo estipulado e respeitando as restrições orçamentárias.

*Equipe* – Embora o planejamento, a execução e o controle do escopo, do cronograma e do orçamento sejam fundamentais para o sucesso de qualquer projeto, é preciso ter sempre em mente que todas essas atividades são realizadas por pessoas. Ainda que o gerenciamento de projetos tenha avançado bastante com a introdução de ferramentas computacionais, em última análise, elas não são nada se não estiverem nas mãos de pessoas que saibam utilizá-las. A formação de uma equipe, contudo, vai além da reunião de competências. É certo que precisamos selecionar pessoas com conhecimentos e habilidades que se complementem, formado, assim, um grupo capaz de realizar todas as tarefas necessárias, de menor ou maior complexidade. No entanto, para que este grupo de indivíduos funcione como uma equipe integrada, é importante que seja criado um ambiente propício à interação harmônica. O líder é um forte componente a moldar este ambiente, já que, através de seu comportamento, ele tem o poder de estabelecer o padrão de relacionamento entre as pessoas. Outro componente de grande impacto sobre o ambiente de trabalho de uma equipe é a atitude de cada indivíduo. Uns são mais cooperativos, outros preferem trabalhar isolados. Uns são mais expansivos, outros são mais fechados. Outros ainda, apesar da grande competência técnica, podem não se adaptar ao ritmo de projetos, precisando de uma rotina mais uniforme para terem bom desempenho. Enfim, é importante selecionar pessoas cujas competências técnicas e gerenciais respondam às demandas específicas de cada projeto, mas que também sejam capazes de trabalhar harmonicamente, em um ambiente fortemente influenciado pelo estilo gerencial de um determinado gerente de projeto.

## Processos do gerenciamento de projetos

Como visto anteriormente, gerenciar pressupõe uma ação metódica e racional, caracterizada pela aplicação de conhecimentos, habilidades, ferramentas e técnicas às atividades a serem realizadas para que se alcance um objetivo desejado. Portanto, se um projeto é identificado por um "resultado pré-especificado", as ações e atividades inter-relacionadas que são executadas para alcançá-lo podem ser agrupadas em "processos".

Quando o assunto é *projeto*, há dois tipos de *processos* (conjuntos de atividades) em questão:

- *Processos orientados a produtos*: os que especificam e criam o produto do projeto. (O que fazer?)
- *Processos de gerenciamento de projeto*: os que garantem a execução eficaz do projeto. (Como fazer?)

Os *processos de gerenciamento de projetos* são agrupados em cinco categorias ou "grupos de processos":

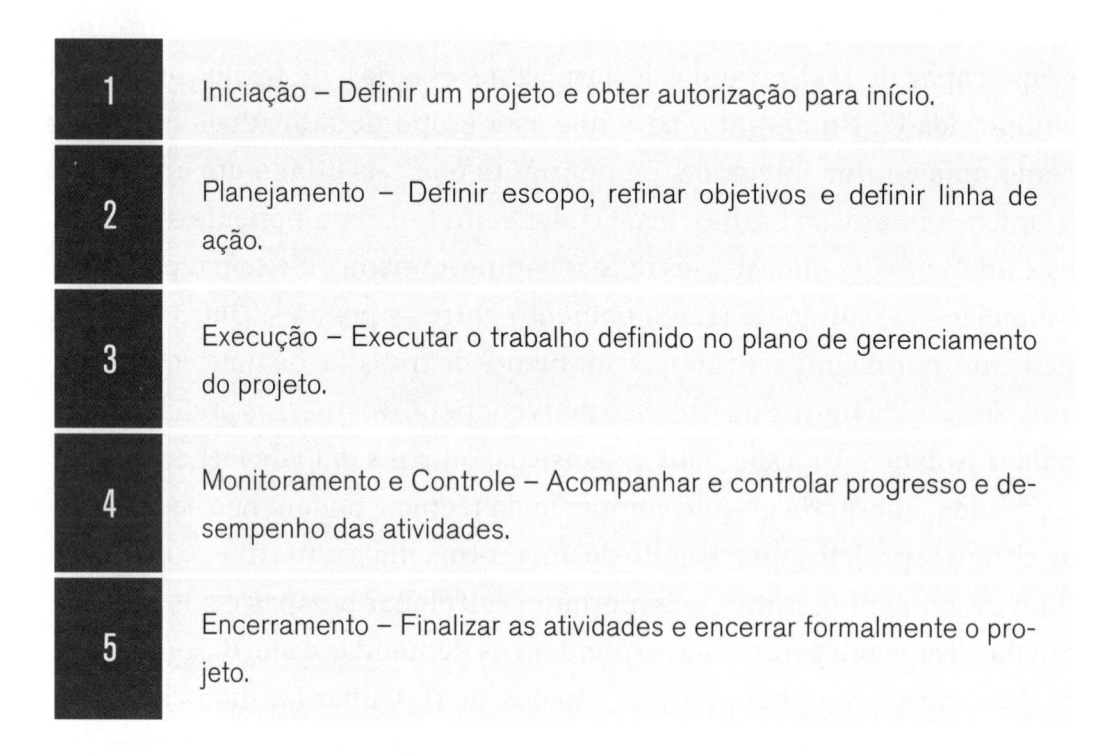

| | |
|---|---|
| 1 | Iniciação – Definir um projeto e obter autorização para início. |
| 2 | Planejamento – Definir escopo, refinar objetivos e definir linha de ação. |
| 3 | Execução – Executar o trabalho definido no plano de gerenciamento do projeto. |
| 4 | Monitoramento e Controle – Acompanhar e controlar progresso e desempenho das atividades. |
| 5 | Encerramento – Finalizar as atividades e encerrar formalmente o projeto. |

O produto ou serviço que o projeto produzirá é que define as principais fases em que diferentes atividades são realizadas. Por exemplo, o projeto de publicação de um livro tem fases diferentes de um projeto de construção de uma casa. Entretanto, em ambos os projetos, o gerenciamento contará com processos de iniciação, planejamento, execução, monitoramento e controle, e encerramento.

No início, há uma concentração de atividades nos processos de iniciação e de planejamento. Conforme o projeto avança, mais horas são alocadas em planejamento, até que os processos de execução passam a dominar. Quando o fim do projeto se aproxima e a maior parte dos produtos já foi entregue, são os processos de encerramento que passam a concentrar a atenção da **_gerência do projeto_**. Vale notar que os processos de controle acompanham toda a duração do projeto, com um certo aumento na intensidade quando os processos de execução estão em maior atividade.

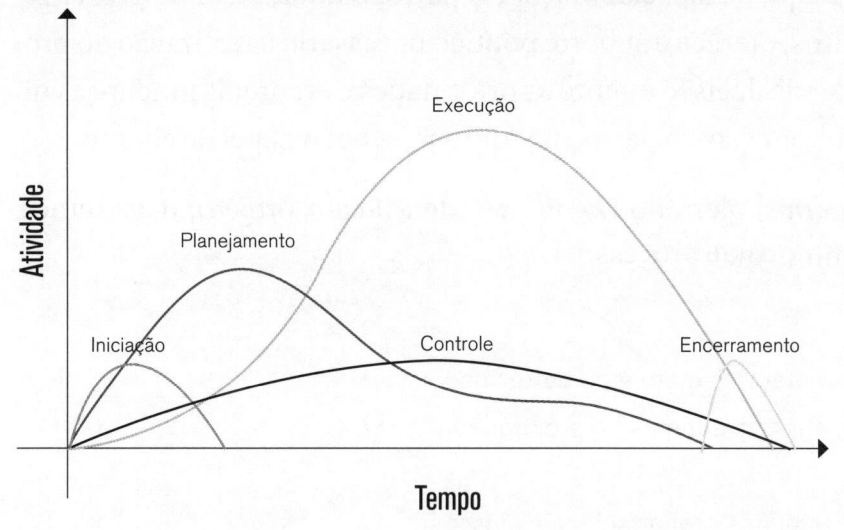

> **COMENTÁRIO**
>
> Gerência do projeto
>
> "Cabe ao gerente do projeto coordenar a elaboração do plano de gerenciamento do projeto, assim como sua execução e modificações que surjam durante todo o desenvolvimento do projeto. Além disso, coordenar o processo de encerramento do projeto é também responsabilidade do gerente do projeto." (Dinsmore, 2007, p. 18)

Fonte: Adaptação do PMBOK, 5ª. ed., 2014, p. 51

Gerenciar o projeto significa garantir que o plano, racionalmente elaborado, seja executado. Embora aparentemente óbvio, é importante observar que há muitos casos em que a urgência ou a falta de prática na condução de projetos levam os indivíduos a perseguirem os objetivos (projetos) de forma desestruturada, comprometendo, assim, o sucesso do empreendimento. Uma vez que os desafios do gerente de projeto incluem tomar decisões quanto a alocação de recursos e concessões entre objetivos e alternativas conflitantes, este indivíduo necessita de habilidades de liderança e de negociação, além de conhecimento técnico e gerencial.

## Abertura de um projeto

O *Termo de Abertura do Projeto* é o documento que formalmente autoriza a existência de um projeto e dá ao seu gerente a autoridade necessária para aplicar recursos às atividades do projeto. Tal documento marca o início do projeto e define seus limites. Ao criar um registro formal do projeto, este processo fornece um mecanismo direto para a direção executiva aceitar e se comprometer oficialmente com o projeto em questão.

É importante notar que "o Termo de Abertura do Projeto deve ser elaborado pela entidade patrocinadora" (PMBOK, 5ª. ed., 2014, p. 67), embora seja recomendável que o gerente de projeto – designado oficialmente neste documento – participe de sua elaboração. O patrocinador, além de prover recursos financeiros, oferece o suporte político necessário à realização do projeto, tendo poder de decisão quanto às prioridades e eventuais mudanças no projeto. Em muitos casos, o patrocinador representa o papel de cliente.

Em linhas gerais, além do nome que identifica o projeto, o Termo de Abertura do Projeto inclui:

- Nome do gerente do projeto e do patrocinador;
- Justificativa, objetivo e metas do projeto;
- Requisitos;
- Premissas, restrições organizacionais e riscos;
- Lista das partes interessadas;
- Cronograma sumarizado por meio de marcos; e
- Orçamento sumarizado.

O processo de criação do Termo de Abertura do Projeto requer, entre outras coisas, a especificação do trabalho do projeto, que descreve de forma narrativa quais os produtos, serviços ou resultados que deverão ser entregues pelo projeto. É interessante que haja informação sobre a necessidade de negócio que justifica o projeto, a descrição do escopo do produto a ser entregue pelo projeto e, quando for o caso, a relação do projeto com o plano estratégico da organização.

## Gerenciamento do projeto

O *Plano de Gerenciamento do Projeto* é um documento central que define a base de todo trabalho do projeto. Este é um plano de gerenciamento abrangente que integra todos os planos auxiliares e estabelece como o projeto será executado, monitorado, controlado e encerrado. Vale notar que o plano é progressivamente atualizado, incorporando mudanças que se façam necessárias. Este documento é elaborado pelo gerente de projeto e seu conteúdo inclui, entre outras coisas:

- Termo de Abertura do Projeto;
- Escopo detalhado;
- Orçamento;
- Cronograma; e
- Matriz de responsabilidades.

Cabe ao gerente do projeto orientar a execução das atividades planejadas, bem como gerenciar eventuais atividades não planejadas, decidindo sobre o curso de ação apropriado. Conforme o projeto vai sendo realizado, dados de desempenho são coletados, e comunicados de forma a garantir o monitoramento e controle das **_entregas_** previstas e a realização dos principais marcos do projeto.

O sucesso da execução de um projeto está, em grande medida, relacionado ao monitoramento e controle do trabalho realizado. Para isso, é fundamental que se mantenha toda a documentação do projeto atualizada, pois é através de seus documentos e indicadores neles contidos que se acompanha o progresso do projeto. O acompanhamento, análise e registro da execução das atividades permitem às partes interessadas entenderem as etapas realizadas e as que ainda serão realizadas, bem como as previsões de orçamento, cronograma e escopo.

## Controle de mudanças no projeto

Raríssimos são os projetos que não sofrem alguma mudança em seu curso. Em geral, ocorrem situações em que é preciso realinhar as ações planejadas. Neste caso, é fundamental que as solicitações de mudança sejam formalmente analisadas e, caso aprovadas, seus impactos sejam comunicados para que o plano de gerenciamento do projeto, juntamente como todos os planos auxiliares possa ser atualizado. O registro correto das mudanças é necessário para garantir a confiabilidade das informações gerenciais. Disto depende a adequada interpretação dos desvios entre planejado e rea-

### CONCEITO

Entregas

"Uma entrega é qualquer produto, resultado ou capacidade singular e verificável para realizar um serviço cuja execução é exigida para concluir um processo, uma fase ou um projeto. As entregas são normalmente componentes tangíveis realizados para cumprir os objetivos do projeto e podem incluir elementos do plano de gerenciamento do projeto." (PMBOK, 5ª. ed., 2014, p. 84)

> **CONCEITO**
>
> Controle integrado de mudanças
>
> "Realizar o controle integrado de mudanças é o processo de revisar todas as solicitações de mudança, aprovar as mudanças e gerenciar as mudanças sendo feitas nas entregas, nos ativos de processos organizacionais, nos documentos do projeto e no plano de gerenciamento do projeto, e comunicar a disposição dos mesmos. [...] O principal benefício deste processo é permitir que as mudanças documentadas no âmbito do projeto sejam consideradas de forma integrada, reduzindo os riscos..." (Pmbok, 5ª. ed., 2014, p. 94)

lizado, contribuindo para uma melhor avaliação de riscos e determinação de ações corretivas.

As mudanças podem ser solicitadas por qualquer parte interessada envolvida no projeto. Embora o **_controle integrado de mudanças_** seja de responsabilidade final do gerente do projeto, a aprovação de certas mudanças pode exigir a autorização do patrocinador ou da alta administração. Uma vez que as mudanças tenham sido solicitadas e aprovadas, é preciso registrá-las. Isto é, faz-se necessário documentar as modificações ocorridas. O impacto de qualquer mudança – em termos de custo, tempo ou risco – deve ser informado às partes interessadas. Por fim, é necessário atualizar o plano de gerenciamento do projeto e todos os demais documentos do projeto que forem impactados pela referida mudança.

## Encerramento do projeto

> **CONCEITO**
>
> Encerramento do projeto
>
> Encerrar o projeto "é o processo de finalização de todas as atividades de todos os grupos de processos de gerenciamento do projeto para encerrar formalmente o projeto ou fase. O principal benefício deste processo é o fornecimento de lições aprendidas, o encerramento formal do trabalho do projeto e a liberação dos recursos organizacionais para utilização em novos empreendimentos." (Pmbok, 5ª ed., 2014, p. 100)

Por definição, *projeto* é um esforço temporário e, como tal, tem seus limites temporais bem delimitados. O *Termo de Abertura de Projeto* estabelece o seu início, enquanto seu fim é marcado por documentação formal que indica a conclusão do projeto e a transferência das entregas aceitas. O objetivo do **_encerramento do projeto_** é verificar se o trabalho acordado foi completado e se os interessados ficaram satisfeitos com os resultados alcançados. Porém, este processo também contribui para a capacidade de realização da equipe do projeto, uma vez que, ao final de cada projeto, são documentadas e discutidas as causas de sucesso e insucesso e as razões por trás das decisões tomadas. Estas "lições aprendidas" irão compor o histórico dos projetos da organização, contribuindo para o gerenciamento de futuros projetos.

## 4.5 Questões para reflexão

**1** Quais os benefícios da utilização de uma metodologia formal para o gerenciamento de projetos?

**2** Comente: "A forma como os princípios fundamentais de gerência de projetos são empregados pode ser diferente em cada organização, ainda que os mesmos princípios estejam presentes em suas metodologias."

**3** Que elementos não podem faltar em uma metodologia de gerenciamento de projetos?

**4** Em que medida uma boa metodologia é garantia de um projeto bem-sucedido?

## REFERÊNCIAS BIBLIOGRÁFICAS

CAMPOS, V. F. *Padronização de empresas*. Belo Horizonte: Fundação Christiano Ottoni, 1992a.

CAMPOS, V. F. *TQC: Controle da qualidade total (no estilo japonês)*. Belo Horizonte: Fundação Christiano Ottoni, 1992b.

DESCARTES, René. *Discurso sobre o método*, São Paulo: Hemus, 1998.

DINSMORE, P. C. *Como se tornar um profissional em gerenciamento de projetos*. Rio de Janeiro: Qualitymark, 2007.

DURANT, Daniel. *La Systémique*. Paris: Presses Universitaires de France, 2010.

FALCONI, V. *O verdadeiro poder*. Nova Lima: INDG, 2009.

ISHIKAWA, K. *Controle de qualidade total: à maneira japonesa*. Rio de Janeiro: Campus, 1993.

JURAN, J.M. *A qualidade desde o projeto*. São Paulo: Pioneira, 1992.

JURAN, J.M. *Managerial Breakthrough: the classic book on improving management performance*. New York: McGraw-Hill, 1995.

KEELLING, R. *Gestão de projetos: uma abordagem global*. São Paulo: Saraiva, 2002.

LE MOIGNE, Jean-Louis. *O construtivismo, volume I: dos fundamentos*. Lisboa: Instituto Piaget, 1994.

LE MOIGNE, Jean-Louis. *O construtivismo, volume II: das epistemologias*. Lisboa: Instituto Piaget, 1995.

PMI. *PMBOK: um guia do conhecimento em gerenciamento de projetos*. 5ª ed. São Paulo: Saraiva, 2014.

STONER, J. & FREEMAN, E. *Administração*. 5ª ed. Rio de Janeiro: LTC, 1999.

TAYLOR, Frederick Winslow. *Princípios de administração científica*. São Paulo: Atlas, 1971.

## Referências eletrônicas

ABENGE[1] – Associação Brasileira de Educação de Engenharia: www.abenge.org.br/CobengeAnteriores/2004/artigos/03_194

ABENGE[2] – Associação Brasileira de Educação de Engenharia: http://www.abenge.org.br/CobengeAnteriores/2005/artigos/RN-6-60189029820-1117201603027.pdf

BRASIL: Lei nº11.096. Disponível em: http://www.planalto.gov.br/ccivil_03/Leis/L9394.htm 2014.

FABIOCRUZ.COM – http://www.fabiocruz.com.br/wp-content/uploads/2013/05/grafico-controle.gif

FIESP – Federação das Indústrias do Estado de São Paulo: http://www.fiesp.com.br/sobre-a-fiesp/historia/

FNQ – Fundação Nacional da Qualidade: http://fnq.org.br

iDORT – http://www.idort.com/portal.php/quem-somos

ISO – http://www.iso.org

Ministério do Trabalho e Emprega – CBO : http://www.mtecbo.gov.br/cbosite/pages/home.jsf

PORTAL ACTION http://www.portalaction.com.br/sites/default/files/EstatisticaBasica/figuras/nocoes/exposicaoDados/Pareto.png

PROUNI – http://siteprouni.mec.gov.br/tire_suas_duvidas.php#conhecendo

SENAI – http://www.senai.br/portal/br/institucional/snai_his.aspx

VAGAS – Profissões: http://www.vagas.com.br/profissoes/acontece/no-mercado/pos-graduacao-em-area-diferente-pode-impulsionar-sua-carreira/

## IMAGENS DO CAPÍTULO

© Foto elefante (1) | Marcia Agostinho

© Foto elefante (2) | Marcia Agostinho

Desenhos, gráficos e tabelas cedidos pelo autor do capítulo.

# 5 Pioneiros da engenharia no Brasil

MARCIA AGOSTINHO
DIRCEU AMORELLI
SIMONE RAMALHO

# 5 Pioneiros da engenharia no Brasil

## 5.1 Christiano Ottoni

**NOTAS**

[1] http://www.domtotal.com/colunas/detalhes.php?artid=2603

[2] OTTONI, Christiano. Autobiografia. Brasília: Editora da UnB, 1983, p. 25

[3] Museu Regional Casa dos Ottoni – Serro, MG. Disponível em: http://www.flogao.com.br/serromg/43960905/

Ottoni, C.    © BN

O mineiro Chistiano Ottoni[1] (1811-1896) era o terceiro de uma família de 11 filhos. Aos 17 anos, mudou-se para o Rio de Janeiro para cursar a Academia da Marinha, onde um tio era oficial da Secretaria. Graduou-se como guarda-marinha, em 1830, como primeiro aluno da turma, ainda que reconhecesse não ter vocação para a profissão. Como teria dito em suas memórias, "Não era vocação o que nos levava para a carreira na Marinha; seguimo-la por ser a mais barata".[2] Três anos mais tarde, decide ingressar na Escola Militar, onde se forma em engenharia em 1836.

Aos 23 anos, foi eleito deputado provincial do Rio de Janeiro pelo Partido Liberal[3] e, no mesmo ano de 1834, iniciou a carreira do magistério como professor substituto de matemática na Academia da Marinha, onde havia estudado e onde permaneceu lecionando durante 21 anos. Publicou diversos livros didáticos sobre assuntos como aritmética, álgebra, geometria e trigonometria, adotados no ensino do Império, além da obra *Teoria das máquinas a vapor*, de 1846. Em paralelo com a vida acadêmica, Ottoni foi Oficial de gabinete do ministro da Marinha e, em 1848, foi eleito deputado-geral por Minas Gerais.

Em 1855, Christiano Ottoni deixa a política e o magistério para se dedicar à construção da Estrada de Ferro D. Pedro II. Durante os dez anos seguintes, ocupou o importante cargo de diretor da EFDPII – que viria a ser ocupado, cinquenta anos depois, quando já se chamava Estrada de Ferro Central do Brasil, por Paulo de Frontin.

Considerando o enorme impacto que a nova estrada de ferro poderia trazer para a modernização do país e para a economia, Ottoni montou uma equipe com engenheiros especializados e se dedicou ao esforço de administrar o empreendimento. Em seu livro *O futuro das estradas de ferro no Brasil*, publicado em 1859, ele reflete sobre este desafio. A transposição da Serra do Mar representava um problema de engenharia para o qual muitos duvidavam haver solução, haja vista a falta de mão de obra especializada no Brasil.

Ainda que tenha retornado à carreira política, a qual se dedicou até falecer aos 85 anos de idade, Christiano Ottoni é reconhecido como "Pai das Estradas de Ferro do Brasil". Um dos mais renomados engenheiros mecânicos brasileiros, Ottoni foi capaz de se aprofundar no assunto que tanto mobilizava as discussões desenvolvimentistas da época. Ele conseguiu aliar as perspectivas técnicas e estratégicas, viabilizando, mais do que um sistema de transportes, as bases para se desenvolver uma política de longo prazo para a integração do país. A estrutura que criou em apenas dez anos de sua administração foi fundamental para o futuro do transporte ferroviário do Brasil.

## 5.2 André Rebouças

Embora mestiço, André Rebouças (Cachoeira, BA 1838-Funchal 1898) não provinha das camadas populares. Seu pai Antônio Pereira Rebouças teve grande influência tanto afetiva quanto intelectual sobre o filho, ainda que este viesse a escolher a engenharia em vez de segui-lo em sua carreira jurídica. Sua escolha profissional, contudo, não foi uma exceção em sua família, já que dois de seus seis irmãos, Antônio Pereira Rebouças Filho e José Rebouças, também se tornaram engenheiros. Aliás, André e Antônio foram grandes parceiros em seus projetos e obras realizados.

Rebouças, A. © BN

Diplomado, em 1860, na Escola Militar – que acolhia tanto os que visavam o progresso dentro da carreia militar quanto aqueles que, tendo inte-

> **NOTA**
>
> [4] TRINDADE, A. D. *André Rebouças: da Engenharia Civil à Engenharia Social.*

resse pela ciência, vislumbravam a ascensão social através da educação –, André Rebouças dedicou-se fortemente à sua formação científica. Sua inclinação acadêmica garantiu-lhe, inclusive, a posição de professor catedrático da Escola Politécnica do Rio de Janeiro – onde foi responsável pela cadeira de Resistência dos Materiais.

André foi um dos primeiros engenheiros do Brasil a utilizar o cimento e os impermeabilizantes para estacas e a destacar a importância do uso da madeira nas obras. Ganhou fama no Rio de Janeiro, então capital do Império, ao solucionar o problema de abastecimento de água, em 1870. Com personalidade empreendedora, Rebouças atuou como engenheiro e empresário, mas nem por isso se viu livre de enfrentar dificuldades materiais. Menos de dez anos depois de voltar da Guerra do Paraguai (1866), encontrava-se novamente em dificuldades financeiras. Apenas dois dos 13 projetos de grande porte em que esteve envolvido foram bem-sucedidos: as Docas do Rio de Janeiro e o Porto de Cabedelo na Paraíba[4]. O fracasso de André Rebouças como engenheiro e empresário, apesar de toda sua competência técnica e dinamismo empreendedor, é atribuído, em parte, à "indisposição que engenheiros-funcionários ligados à burocracia, em diversas ocasiões, tiveram quanto às tentativas de Rebouças de organização de empresas particulares concessionárias, prestadoras de serviço ao Estado" (Carvalho, 1998).

Então, a partir de 1875, André Rebouças "retira-se do mundo dos negócios, iniciando uma trajetória dedicada ao jornalismo e à militância abolicionista e reformista" (Trindade, 2004, p.23). O contexto de meados do século XIX favorecia a difusão de ideias modernizadoras. A crescente urbanização e o contato com europeus – fosse em viagens àquele continente ou no contato profissional notadamente com ingleses que tinham grande atuação nas concessões para a construção de ferrovias e companhias de água – influenciaram a visão de mundo de Rebouças. Sua crença no progresso, talvez até mais do que sua ascendência negra, não permitia aceitar a escravatura. O valor dado ao trabalho e a ideia de que o *status* de uma pessoa deve depender de suas habilidades alimentavam o empenho de Rebouças como militante abolicionista.

O jornalismo possibilitou que Rebouças retomasse reflexões acerca de impressões e experiências que teve em suas viagens à Europa. As Exposições Internacionais de Londres, de Viena e de Paris; a visita às Docas da Rainha Vitória, em Londres, inspirando-o para a construção das Docas do Rio de Janeiro; os túneis, viadutos, pontes e portos que observou e analisou; as oficinas metalúrgicas, o reparo de locomotivas, a fabricação de cimento e todos os processos produtivos que conheceu e estudou; tudo isso não poderia passar despercebido aos olhos de uma pessoa curiosa e atenta como ele. As inovações técnicas – e também as sociais – que tanto influenciavam os modos de vida pareciam a Rebouças instrumentos para a libertação humana.

Vários lugares por onde passamos revelam em seus nomes a homenagem a Rebouças: a avenida Rebouças, na Cidade de São Paulo (originalmente chamada Rua Doutor Rebouças); o Túnel Rebouças, no Rio de Janeiro – um dos maiores da cidade com 2.840 metros; o bairro Rebouças em Curitiba.

Túnel André Rebouças © Sonia Hey

## 5.3 Paulo de Frontin

O engenheiro André Gustavo Paulo de Frontin (1860-1033) nasceu em Petrópolis, Rio de Janeiro, no ano de 1860. Descendente de uma nobre família francesa, foi também agraciado com o título de conde de Frontin, em 1909, pelo papa São Pio X. Tendo atuado como professor e político – inclusive senador e prefeito do Rio de Janeiro – Paulo de Frontin é considerado o patrono da engenharia brasileira.

Ainda aos 14 anos de idade, em 1874, André Gustavo Paulo de Frontin matriculou-se na Escola Politécnica do Rio de Janeiro. Em 1879, portanto com 19 anos de idade, Frontin diplomou-se nos cursos de engenharia civil e geográfica. Naquele mesmo ano, bacharelou-se em ciências físicas e matemáticas e, no ano seguinte, também em engenharia de minas. Em seguida, tornou-se professor no Colégio Pedro II e, mais tarde, ingressou no corpo docente da Escola Politécnica do Rio de Janeiro.

Além do magistério, Paulo de Frontin dedicou-se desde o início de sua carreira às atividades de engenharia. Foi engenheiro-chefe do escritório das Obras do Novo Abastecimento d'Água da Cidade do Rio de Janeiro e, mais tarde, nomeado para a Inspetoria de Águas do Rio de Janeiro (1889), propôs uma operação para aumentar em mais de 15 milhões de litros o potencial de abastecimento de água do Rio de Janeiro, em apenas uma semana. Ao lado do engenheiro Raimundo Teixeira Belfort Roxo, Paulo de Frontin conseguiu cumprir a tarefa. Tal operação ficou conhecida como "água em seis dias", completando o abastecimento de água da cidade, que sofria os efeitos perversos de uma forte seca. A partir de então, ganhou notoriedade e firmou-se profissionalmente com apenas 29 anos de idade.

Juntamente com o engenheiro André Rebouças, Paulo de Frontin fazia parte da Comissão Melhoramentos da Cidade – criada em 1873 com o objetivo de pensar a Cidade do Rio de Janeiro em escala mais ampla. Seu engajamento profissional o levou a se tornar membro do Clube de Engenharia e do Instituto Histórico e Geográfico Brasileiro, além das Sociedades de Engenheiros Civis da França e da Bélgica.

Com apenas dez anos de formado, aos 30 anos de idade, Paulo de Frontin fundou a Empresa Industrial Melhoramentos do Brasil, cujos projetos realizados incluíram a construção de uma estrada de ferro para permitir a execução das obras das barragens do que viria a ser uma importante parte do sistema de abastecimento de água da cidade. Tal experiência o levou a dirigir, entre 1906 e 1910, a Estrada de Ferro Central do Brasil.

Em 1917, elegeu-se senador pelo Distrito Federal, mas em 1919 renunciou ao mandato para assumir a Prefeitura da Cidade do Rio de Janeiro, então capital federal do Brasil e governada pelo presidente Delfim Moreira. Durante seu mandato, realizou obras importantes que transformaram a zona sul da cidade: alargou a avenida Atlântica, em Copacabana, e construiu as avenidas Delfim Moreira e Niemeyer.

Frontin é um exemplo de engenheiro completo: academicamente dedicado, tecnicamente competente, empreendedor e envolvido com os problemas da sociedade.

Em 17 de setembro de 1935, foi erigido um busto em bronze em homenagem ao engenheiro na Praça Marechal Floriano no Centro do Rio. Atualmente seu busto se encontra na Cinelândia, em frente ao Cinema Odeon. Em 1960, entraram em circulação os selos com o retrato do engenheiro Paulo de Frontin.

Frontin, P. de
© Sonia Hey

## 5.4 Questões para reflexão

| | |
|---|---|
| 1 | Com base nas biografias desses três pioneiros, quais as principais semelhanças entre eles? |
| 2 | Considerando as carreiras de engenheiros contemporâneos que você conhece, quais as principais diferenças em relação aos pioneiros? |
| 3 | Quais as principais mudanças no perfil do engenheiro do século XXI em relação aos do século XIX? |
| 4 | Do seu ponto de vista, o que é necessário para construir uma carreira de sucesso como engenheiro? |

### REFERÊNCIAS BIBLIOGRÁFICAS

CARVALHO, M. A. R. *O quinto século. André Rebouças e a construção do Brasil.* Rio de Janeiro: Iuperj / Revan, 1998. (*Apud* TRINDADE, A. D. *André Rebouças: da engenharia civil à engenharia social.* Tese de Doutorado. Departamento de Sociologia. Campinas: UNICAMP, 2004)

LIMA, P. L. O. *A máquina, tração do progresso, memórias da ferrovia no oeste de Minas: entre o sertão e a civilização 1880 – 1930.* Dissertação de Mestrado, UFMG, 2003.

MARQUES, Eduardo. Da higiene à construção da cidade: o estado e o saneamento do Rio de Janeiro. *História da Ciência Saúde – Manguinhos,* II jun/out (2): 1995.

OTTONI, Christiano. *Autobiografia.* Brasília: Editora da UnB, 1983.

SANTOS, Sydney M. G. dos. *André Rebouças e seu tempo.* Rio de Janeiro: Vozes, 1985.

## Referências eletrônicas

BEHAR, Eli. "Vultos do Brasil: biografias, história e geografia", São Paulo: Hemus, s/d. Disponível em: http://books.google.com.br/books?id=IZ10T6tR4XAC&pg=PA90&lpg=PA90&dq=paulo+de+frontin+reservatorio+de+Fran%C3%A7a&source=bl&ots=MKobir2jO_&sig=zM67hTPUpUqVxEly7JSDsGVVU6c&hl=pt-BR&sa=X&ei=46RoVJkohqaDBLX7gLAJ&ved=0CCgQ6AEwAg#v=onepage&q=paulo%20de%20frontin%20reservatorio%20de%20Fran%C3%A7a&f=false

FRIAS, Renato Coimbra. *Daí de beber a quem tem sede!" crise no abastecimento d'água do rio de janeiro no século XIX*. Disponível em: http://enhpgii.files.wordpress.com/2009/10/renato-coimbra-frias1.pdf

GUIA GEOGRÁFICO BAHIA – http://www.bahia-turismo.com/cachoeira/antonio-reboucas.htm

TRINDADE, A. D. "André Rebouças: da Engenharia Civil à Engenharia Social". Tese de Doutorado. Departamento de Sociologia. Campinas: UNICAMP, 2004 http://www.eniopadilha.com.br/documentos/AlexandroDantasTrindade_AndreReboucas.pdf

UOL EDUCAÇÃO – http://educacao.uol.com.br/biografias/andre-reboucas.jhtm

## IMAGENS DO CAPÍTULO

© André Rebouças | Acervo da Fundação Biblioteca Nacional – Brasil

© Christiano Ottoni | Acervo da Fundação Biblioteca Nacional – Brasil

© Paulo de Frontin, busto situado na Praça Marechal Floriano, Rio de Janeiro, RJ | Sonia Hey (foto)

© Túnel Rebouças, Rio de Janeiro | Sonia Hey (foto)

# Palavras finais

## Engenheiros em ação

Desde a fundação dos primeiros cursos de engenharia, a aceleração do ritmo de produção de conhecimento científico e de inovação tem deixado qualquer um impressionado. Se há um século tornar-se engenheiro já exigia cinco anos de esforço e dedicação, o que dizer sobre o desafio para manter-se atualizado nos dias de hoje? Como evitar que a sobrecarga de informações disponíveis nos paralise? Como tornar-se competente em um ambiente de tantas especializações?

A resposta, provavelmente, está na rede.

Não me refiro, contudo, à rede eletrônica que nos interconecta com indivíduos de todas as partes do globo, em tempo real. Ainda que a internet seja um recurso inestimável – capaz de disponibilizar, para cada um de nós, o conhecimento gerado em todo o mundo –, este aparato tecnológico é apenas isso: um aparato tecnológico. A resposta para os novos desafios da engenharia está na rede social – intermediada pela comunicação eletrônica ou não – de que fazemos parte e que nos liga a outros seres humanos, através das gerações.

Ser um engenheiro competente e responsável exige mais do que a compreensão da ciência ou o domínio da técnica. Tal desafio exige que sejamos indivíduos conscientes do contexto em que vivemos, atentos às transformações que, mais do que tecnológicas, são humanas. Uma das grandes qualidades do engenheiro é seu talento para a ação racional. Através deste modo de agir, cria-se valor, transforma-se a matéria bruta em arte, faz-se, de problemas, solução. Mas devemos lembrar que os melhores frutos da razão emergem quando esta é mediada pela emoção. A eficiência sozinha pode cegar, caso não haja a ética para estabelecer limites e apontar o que, de fato, tem valor na vida.

À ação... com sabedoria!

Marcia Agostinho,
Rio de Janeiro, 16/12/2014.

## ANOTAÇÕES

## ANOTAÇÕES

# ANOTAÇÕES

## ANOTAÇÕES

# ANOTAÇÕES

## ANOTAÇÕES

## ANOTAÇÕES